AF383335

Für

Curtis, Julian, Jean, Sidney,

Joanna, Jill und Ava

Rolf Stünkel

MACH 2

Meine Jahre im Cockpit des Starfighters

2., überarbeitete Ausgabe
© 2016 Rolf Stünkel

Verlag: tredition GmbH, Hamburg

ISBN
Paperback: 978-3-7345-4232-9
Hardcover: 978-3-7345-4233-6
e-Book: 978-3-7345-4234-3

Printed in Germany

Inhalt

Piloten ist nichts verboten,
drum gib Vollgas
und flieg um die Welt.

Walter Reisch

Vorwort

Kein Militärflugzeug der Nachkriegszeit polarisiert uns wie der Lockheed F-104G Starfighter. Der schlanke Jet mit den Stummelflügeln zeigte schon in den 1950er-Jahren unvorstellbare Flugleistungen.

Zehn Jahre später geriet er in Deutschland als „Witwenmacher" in die Schlagzeilen. Schulungsmaßnahmen, technische Verbesserungen und ein vorübergehender Flugstopp änderten dies. Auch wenn die F-104G doppelt so schnell wie der Schall fliegen konnte – etwa 2400 km/h –, im Alltag waren die Piloten meist unter Mach 1 unterwegs. Das war taktisch sinnvoller und verbrauchte weniger Sprit. Mach 2 ist für Piloten flinker Jets – dazu zählen auch MiG-21 und andere Zeitgenossen – eher ein Schlagwort, das sie verbindet wie eine kleine Anstecknadel an der Jacke.

Mach 2 – Meine Jahre im Cockpit des Starfighters ist eine persönliche Rückschau auf eine der dunkelsten Epochen des Kalten Krieges, die späten 1970er und frühen 1980er Jahre, zur Zeit der deutsch-deutschen Teilung. Heute ist der Eiserne Vorhang Geschichte, die alten Feindbilder wirken überholt; es mag müßig erscheinen, von ausgemusterten Jets zu erzählen. Der politische Nutzeffekt unserer Fliegerei in jenen Jahren mag diskutabel sein, doch jenseits von Technik und Politik bleiben die spannenden, traurigen oder heiteren Erlebnisse mit Menschen, die uns etwas bedeuteten. Militärpiloten fliegen, feiern und fluchen gemeinsam wie eine Fußballmannschaft. Was für ein Vorzug, einem solchen Team anzugehören!

Bei den Vorbereitungen zu diesem Buch besuchte ich alte Flieger, telefonierte und schrieb e-Mails. Jedes Gespräch hatte denselben Soforteffekt: ich saß wieder im engen Starfighter-Cockpit, im Aufenthaltsraum der Staffel oder an der Bar, umgeben von liebenswerten Querköpfen und Spaßvögeln, Kumpeltypen und selbstbewussten Top- Gun-Aspiranten. Ich bedanke mich bei allen, die meinen „Rückflug" so freundschaftlich unterstützt haben.

Rolf Stünkel

An der Piaggio P 149 D, im Frühjahr 1976 (v.l.):

Axel Grossmann, der Autor, Michael Dominiak †

Auf Umwegen ins Cockpit

Freiwillig zum Bund

Ein Jahr vor meinem Abitur, im Frühjahr 1971, hatte mein Vater für mich ein Preisausschreiben der Marine ausgefüllt. Solche Nachwuchs- Werbeaktionen waren nichts Besonderes. Mit etwas Glück konnte man einige interessante Tage beim „Bund" verbringen. Irgendwie musste Papa die Kreuze wohl richtig gesetzt haben, denn ich gewann einen Besuch beim Marinefliegergeschwader 5 in Kiel.

Gut gelaunt nahm ich den Zug von meinem Heimatort Wilhelmshaven zur Stadt an der Förde. Ein freundlicher Offizier mit drei Ärmelstreifen brachte mich vom Bahnhof ins Geschwader, wo schon andere junge Männer warteten. Zwei Tage lang wurden wir wie VIPs betreut, bekamen Vorträge über Seenotrettung und anständiges Essen. Abends fragten wir an der Kegelbahn jungen Soldaten Löcher in den Bauch. Ein großes Albatros-Flugboot nahm uns mit über Helgoland, und zum krönenden Abschluss wurde jeder am Seil eines Sikorsky-Hubschraubers hochgezogen.

Ein toller Fliegerhorst, dachte ich auf der Heimreise. Mit dem Abitur rückte die Bundeswehr näher, und ich musste mich allmählich zwischen Wehrpflicht, Zivildienst oder etwas „Besonderem" entscheiden. Die Marine hatte mich schon länger interessiert, auch wenn ich ein wenig zur Handelsschifffahrt schielte. Meine besten Schulnoten hatte ich in Sprachen und Musik; auch diese Fächer boten einige interessante Perspektiven.

Nach meiner Rückkehr las ich in der Zeitung von einem attraktiven Angebot der Marine. Junge Offiziersanwärter (OA) konnten bei einer vierjährigen Verpflichtungszeit auf den Schulschiffen *Gorch Fock* und *Deutschland* fahren und interessante Lehrgänge machen. Nach nur 21 Monaten würde man zum Leutnant zu See befördert werden, und mit Ablauf der vier Jahre hatte man Anspruch auf eine Abfindung fürs zivile Studium oder eine Fachausbildung - bei solchen Aussichten wirkte die normale Wehrpflicht wie Frondienst.

Die Sache hatte nur einen Haken: Wer in den 1970er Jahren freiwillig zur Bundeswehr ging, musste um seinen Status unter Gleichaltrigen fürchten. „Dienen" war seit den Studentenunruhen Ende der 1960er nicht mehr „in". Mit einer Mischung aus Trotz und Neugier entschloss ich mich, dem fremden Riesen Bundeswehr eine Weile über die Schulter zu gucken: als Zeitsoldat der Marine, mit Rückfahrkarte ins Zivilleben.

Die Bundesmarine der 1970er Jahre war eine respektable kleine Armada, ein Vollsortimenter mit anständigem Portfolio. Es gab Fregatten und Zerstörer, Versorger, Schnellboote, Minensuchboote, U-Boote und Spezialfahrzeuge, Schulen, Ämter, den Sanitäts- und Musikdienst, Transporteinheiten und vieles mehr. Worüber ich am meisten staunte: Mit etwa 50.000 Soldaten besaß die kleinste Teilstreitkraft der Bundeswehr rund 200 Flugzeuge, so viel wie eine mittlere Airline. Für die Unteroffiziere und Mannschaften gab es schier unzählige Laufbahnen und Fachrichtungen. Da war zum Beispiel die Ausbildungsreihe 76 der Marine-Landtruppen, deren Abzeichen auf der Jacke lediglich ein *unklarer Anker* ohne Tampen war, ohne Schlüssel wie beim Stabsdienst, Blitz bei der E-Technik, Harfe für den Musikdienst oder Zahnrad für die Technik. Stattdessen: gar nichts. *Nix im Anker, nix im Kopp,* hieß es hart, aber herzlich.

Ein paar Monate vor dem Abitur bestand ich den Aufnahmetest an der Offizierbewerberprüfzentrale (OPZ) in Köln. Noch im Juli 1972, ich war gerade 18, begann meine Grundausbildung im Marineausbildungsbataillon 3 in Glückstadt an der Elbe. Es war ein heißer Sommer. Wir machten auf dem Truppenübungsplatz Nordoe ausgiebig „Marinelandkampf" und verfluchten den süßlichen Duft der nahegelegenen Abdeckerei. Nach drei Monaten, angefüllt mit Kutterpullen, Exerzieren, Märschen und Übungsschießen wurden wir „Matrosen OA" auf das Segelschulschiff *Gorch Fock* nach Kiel versetzt.

Nach etwa zwei Wochen kotzte ich mir nicht mehr die Seele aus dem Leib und konnte den Blick von den hohen Rahen genießen. Das war auch gut so, denn auf der Fahrt von Cádiz nach Irland gerieten wir im Ostatlantik in einen Orkan. Unter Sturmsegeln driftete die *Fock*, wie wir sie alle noch nannten, durch die schäumende See, während unser Schiffsarzt zur allgemeinen Bewunderung einem Kameraden den Blinddarm herausoperierte. Seither weiß ich, warum Kompasse und OP-Tische auf Schiffen kardanisch aufgehängt sind.

Nach dieser ersten gemeinsamen Reise begann unser Offizierslehrgang an der Marineschule Flensburg-Mürwik, wo seit Kaisers Zeiten die Offiziere der Marine ausgebildet werden. Wir büffelten Navigation, Seemannschaft und Elektrotechnik, machten Segel- und Motorbootscheine, lernten nette Mädels kennen und genossen den Sommer an der Förde. Eines Tages entdeckte ich in einem Säulengang des ehrwürdigen Schulgebäudes – es war der Marienburg in Ostpreußen nachempfunden – zwei verdächtig jung aussehende Kapitänleutnante. Sie warteten vor dem Admiralsbüro, unterhielten sich angeregt und sahen irgendwie anders aus als unsere Ausbilder im gleichen Rang. Der eine trug auffallend lange Koteletten, der andere lässig die Hände im Bunker[1]. Beide hatten Schwingen an ihren Uniformen, eine kleine aus Metall und eine größere aus Stoff. *Starfighter-Piloten*, dachte ich bewundernd. *Diese Kaleus müssen ein aufregendes Leben führen.*

Das Segelschulschiff „Gorch Fock" – es gibt wohl keinen Ehemaligen, der nicht von seinen Erlebnissen auf der Dreimastbark schwärmt.

---

[1] Bunker: Marinedeutsch für Hosentasche.

Nach einem Dreivierteljahr Marineschule gingen wir für eine weitere Herbstreise an Bord des Schulschiffs *Deutschland*. Diesmal sollten wir nach Tarent und Izmir fahren. Auf dem großen Pott kannten wir von der Gorch Fock schon den Ersten Offizier, ein freundliches Raubein mit buschigen Augenbrauen und dem treffenden Namen „Wind". Auf diese Reise, die wir schon als Fähnriche zur See, aber nachts immer noch in der Hängematte absolvierten, folgten Lehrgänge an der Fernmelde-, Ortungs-, Versorgungs- und Unteroffiziersschule. Wir paukten in Flensburg geheime Verschlüsselungsmethoden und gegnerische Radarfrequenzen, lernten in Neustadt/Holstein, in ausrangierten Schiffen Brände zu löschen, marschierten um den eisigen Plöner See und ließen uns unter der ABC-Schutzmaske von Tränengas einnebeln. Dann hielt die Marine Wort: Pünktlich nach 21 Monaten wurden wir zum Leutnant zur See befördert. Ich war gerade 20 Jahre alt und lud meine Familie stolz zum Essen ein.

Auf der Fregatte

Mein erster Einsatz als Leutnant führte mich an Bord der Fregatte F223 *Karlsruhe*, ein schnittiges 2000-Tonnen-Schiff mit Liegeplatz in meiner Heimatstadt Wilhelmshaven. Das ehemalige Geleitboot aus den späten 1950er-Jahren war mit ordentlich Feuerkraft ausgestattet und schaffte, angetrieben von vier Dieseln und zwei Gasturbinen, 29 Knoten Höchstgeschwindigkeit. Unter den Offizieren der 212 Mann starken Besatzung war ich mit Abstand der jüngste.

Mein Job als Fernmeldeoffizier (FmO) umfasste den Fernmelde- und Funkbetrieb, dazu die Brückenwache und jene in der OPZ, der Operationszentrale im Innern des Schiffs, das Ganze im Schichtdienst mit anderen Offizieren. Als nebenamtlicher Schriftführer tippte ich im Auftrag des Ersten Offiziers die Beurteilungen der übrigen Offiziere. Gelegentlich war ich Zeuge bei Verhören, wenn unter den Mannschaften mal wieder eine Prügelei, seltener auch ein kleiner Diebstahl aufgefallen war.

FmO war ein typischer Einsteigerposten. Ich hätte mit meinen Voraussetzungen auch ebenso gut Ortungsoffizier (OrtO) auf einem

Zerstörer oder einer Fregatte oder 2. Wachoffizier (II WO) auf kleineren Minensuchbooten, Schnellbooten oder Versorgern werden können. Zum Glück war ich aber wunschgemäß auf einer Fregatte gelandet. Wir waren ständig in der Nord- und Ostsee unterwegs, machten Artillerie- und Notfallübungen und brachen zu längeren Überwachungsfahrten auf. Es erfüllte mich mit einem gewissen Stolz, Teil der Crew zu sein, je besser ich die *Karlsruhe* und ihre Mannschaft kannte.

Unter den älteren Offizieren waren harte, trinkfeste Burschen. Manche hatten es vom Unteroffizier zum Kaleu gebracht, andere waren schon auf großen Handelsschiffen zur See gefahren. Sie rauchten sogar in der engen OPZ bei jedem Seegang unbekümmert wie die Schlote, spielten in der wachfreien Zeit in der Messe Karten, tranken Bier und schienen fast nie zu schlafen. Für einen milchbärtigen Ex-Gymnasiasten wie mich war der ständige Schlafmangel durch die vielen Wachen sehr anstrengend. Wollte ich einmal eine kurze Pause auf der Koje einlegen, gab es garantiert *Rollenschwoof*, Übungen diverser Gefechts- und Notmanöver auf See, was noch mehr Schlaf kostete. Im Winter war es auf der offenen Brücke saukalt; nach vier Stunden Nachtwache kroch ich nass und völlig durchgefroren in die Koje, nur um wenig später wieder zum Tagesdienst aufzustehen. Wenn ich mal wieder so richtig die Nase voll hatte, tröstete ich mich damit, dass ich an meinem Heimatort Wilhelmshaven stationiert war.

Während unserer Seetage donnerte ab und zu ein deutsches Marineflugzeug über uns hinweg. *Ihr seid in einer halben Stunde zu Hause*, dachte ich dann. *Wir dümpeln noch zwei Wochen hier herum!* Ich ahnte noch nicht, dass meine Seefahrtszeit bald abrupt enden sollte.

Die Einstiegsdroge zum Fliegen

Im Sommer war mal wieder Herzschmerz angesagt: Das Mädchen meiner Träume hatte mich in die Wüste geschickt. Es war einfach zum Weglaufen! Meine Lehrgangskumpels Mike und Balu, der eine Leutnant auf einem Zerstörer, der andere auf einem Schnellboot, wollten mich trösten. Wir buchten einen billigen Fallschirmkurs auf der Nordseeinsel Texel. Die Aussicht auf luftige Abenteuer besserte meine Stimmung, und meinen Eltern erzählte ich vorsichtshalber nichts.

Auf der Insel ging es gleich zur Sache. Die sonnengegerbten Ausbilder des *Paracentrum Texel/Spa* stimmten uns mit Humor und Drill auf das neue Hobby ein. Unsere Ausrüstung bestand aus runden, rotweißen Fallschirmen, die schon etwas in die Jahre gekommen waren. Man hatte sie hier und da mit Klebstreifen geflickt. Obendrein hatten diese Rundkappen, wie wir bald am eigenen Hintern erfahren sollten, eine Gleitzahl[2] von Eins zu Plumps.

Alle Absprünge verliefen nach dem gleichen Schema: Ich kletterte aus der Cessna, wo sonst die Kopilotentür war und setzte das Außenbein aufs Rad, das andere aufs Trittbrett. Dann hielt ich mich mit beiden Händen an der Flügelstrebe fest und blickte rüber zum Ausbilder, der wie ein brasilianischer Taxidieb neben dem „Fahrer" auf dem Fußboden kauerte.

Auf sein Kommando *Ready-Go!* stieß ich mich nach hinten ab, fiel ein paar Meter Reißleine nach unten – bei diesen Automatiksprüngen zog man nur im Notfall selbst – und baumelte kurz darauf am Schirm. Es war ein Riesenspaß! Der „Flug" dauerte eine gefühlte Ewigkeit, obwohl es nur Minuten waren. Irgendwann nahmen die Dünen wieder Kontur an, und schon wurde es Zeit, die eingeübte Landehaltung einzunehmen: Beine zusammen, Knie leicht einfedern, Ellenbogen zusammen. *Kurz vor dem Aufsetzen nicht nach unten gucken*, hatte man uns eingeschärft; das sollte das reflexhafte Spreizen der Beine vermeiden. Die hohe Sinkrate sorgte regelmäßig

---

2   Unter Gleitzahl versteht man das Verhältnis von zurückgelegter Wegstrecke zu verlorener Flughöhe.

für einen deftigen Landestoß, nach dem Aufprall zerrte der Nordseewind am Schirm. Es war besser, man rollte sich möglichst schnell ab und raffte alles sofort zusammen.

Nach dem achten Hüpfer war die Ausbildung zu Ende, und ich fühlte mich wie Supermann. Mit dem niederländischen A-Brevet-Abzeichen war ich ein echter Fallschirmspringer! Irgendwie bewunderte ich aber den Piloten der kleinen Cessna noch mehr als mich selbst. Wie lässig er mit seiner Felljacke hinterm Steuerhorn saß!

Wer sich nie groß geträumt hat, aus dem wird nichts, hatte Oberstudienrat Hengelbrock immer gesagt. Sollte ich nicht auch fliegen lernen? Eine kurze Anfrage bei der Lufthansa ergab, dass man dort gerade keine Piloten suchte; außerdem musste ich ja noch zwei Jahre bei der Marine dienen und war währenddessen unabkömmlich. Ich blätterte in einigen Bundeswehr-Broschüren und bemerkte das Foto eines schicken grauweißen Propellerflugzeugs. Der Seefernaufklärer *Bréguet Atlantic* war schon oft über unsere *Karlsruhe* hinweg gebrummt; manchmal sah man jemanden in der vorderen Glaskanzel hocken.

Mit ihren zwölf Mann Besatzung ging die *Atlantic* auf Einsätze im In- und Ausland, vor allem betrieb sie Aufklärung; das klang nach Geheimdienst, Action und Spaß. Ihre Piloten wurden wie alle Transportflieger zur Lufthansa-Ausbildung an der Fliegerschule in Bremen geschickt. Das war auch nicht zu verachten! Kurz entschlossen schickte ich von Bord der *Karlsruhe* eine Bewerbung fürs Fliegende Personal ab. *Die nehmen dich nie,* dachte ich. *Aber versuchen will ich es wenigstens.*

Einstellungstests

Es dauerte nicht lange, und ich wurde zur Tauglichkeitsuntersuchung ans Flugmedizinische Institut der Luftwaffe in Fürstenfeldbruck bei München kommandiert, in Pilotenkreisen *Fürsty* genannt. Nach den üblichen Gesundheitstests nahmen mich Psychologen in die Mangel; dann setzte man mich in einen Simulator und gab mir Rechenaufgaben, während ich Kurven flog und genau nach Stoppuhr eine bestimmte Flughöhe einzunehmen versuchte. In einer großen Druckkammer musste ich mit den anderen Probanden in zehn Kilometern „Höhe" die Sauerstoffmaske abnehmen und warten, bis die Ohnmacht nahte. So konnte jeder testen, welche persönlichen Sauerstoff-Mangelsymptome er zeigte: Euphorie oder Passivität, eine Blaufärbung der Fingerspitzen, Juckreiz in den Gelenken – oder einfach gar nichts.

Nach kurzer Zeit ohne Sauerstoff redete jeder nur noch Blödsinn. Auch ich bekam Tunnelblick, und es rauschte immer kräftiger in meinen Ohren. Kurz vor dem Umkippen befahl Übungsleiter Hoffmann *Maske auf!*, und in Sekundenschnelle war alles wieder bunt und schön wie in einem Hollywoodfilm. Wie frisch und lecker der Sauerstoff schmeckte! Augenblicke später wurde die Stille von einem lauten Knallen und Zischen zerrissen, und die Druckkammer war schlagartig eingenebelt. Druckabfall! Der Lungeninhalt und alle, wirklich alle Körpergase wurden schlagartig ausgestoßen. Militärpiloten wiederholen solche Kammerübungen einige Male in ihrer Laufbahn. Manche Schüler bekommen Panik und müssen die Kammer vorzeitig verlassen, was im Wiederholungsfall zum Abbruch der Jet-Ausbildung führt. Zwei meiner Mitbewerber hatten dieses Pech, doch beide schafften es später ins Verkehrsflugzeug-Cockpit.

Was macht einen echten Fighterpiloten aus, fragte ich mich. Fitness? Schnelle Autos, harte Drinks? Darf er Plomben im Zahn haben? Viele Menschen glauben, die Füllungen könnten sich durch Beschleunigung oder Druckunterschied im Cockpit lösen und in die Luftröhre gelangen - Tod durch Zahnersatz, lateinisch *exitus aspiratione*. Barer Unsinn! Schon junge Menschen haben ja meist ein

Gebiss voller Ersatzteile, so auch die Flieger. *„Kein Problem, solange die Beißer saniert sind"*, meinte der Fliegerarzt. *„Dann gibt es auch keine Hohlräume, wo kleine Luftmengen schmerzhaft pochen."*

Kampfflieger tragen in Kinofilmen immer eine Sauerstoffmaske locker am Helm und setzen sie fast nie auf. Wie soll man den Schauspieler sonst auch erkennen? Im richtigen Leben ist das anders. *„Piloten tragen gleich nach dem Einsteigen Helm und Maske"*, hatte der Fliegerarzt erklärt. *„Sie können bei Bedarf auf 100 Prozent Sauerstoff schalten."* Brachte das mehr Fitness ins Cockpit, zum Beispiel nach einer schweren Nacht an der Bar? Ich musste an den Popsänger Michael Jackson denken, der angeblich des Öfteren unter einem Sauerstoffzelt ausruhte. Der Doc lachte, als ich ihm davon erzählte. *„100-Prozent-Beatmung ist schon okay"*, meinte er. *„Das verbessert das Nachtsehvermögen."*

Ein paar Wochen nach meiner Tauglichkeitsuntersuchung flatterte das Ergebnis aufs Schiff. Ich hatte mit der Stufe *1a* bestanden und war damit auch für Jets geeignet. Das hatte ich nicht erwartet und überlegte nun, welche Richtung ich einschlagen sollte. Angehende Piloten der Bundeswehr mussten sich für zwölf, möglicherweise fünfzehn Jahre Dienstzeit verpflichten, das hing von der Laufbahn ab. Ich entschied mich für die *Bréguet* und die Lufthansa-Ausbildung. Falls ich das Training nicht packte, konnte ich ja die Bundeswehr vorzeitig verlassen, studieren und Lehrer oder Musiker werden.

Nach einem halben Jahr rief mich der Erste Offizier in seine winzige Kammer, das Versetzungsschreiben zur Fliegerschule in der Hand. *„Sie wollen uns verlassen?"*, brummte er väterlich. *„Jawoll, Herr Kap'tän!"*, antwortete ich so markig ich konnte. Mir leuchtete ein, dass viele angehende Flugschüler die Ausbildung nicht schafften und auf ihre Posten zurückkehrten. Der *Eins-O* war ein Mann von Humor. Er erzählte von eigenen hochfliegenden Plänen als junger Mann, mit „Admiralsrosinen" im Kopf, und dass diese Rosinen irgendwann futsch waren.

Jahre später sah ich ihn zufällig in einer Fernsehdokumentation und kapierte, wovon er gesprochen hatte. Die Sendung handelte von der Undercover-Bergung eines DDR-Republikflüchtlings vom ostdeutschen Kreuzfahrtschiff *Völkerfreundschaft*. Mein Erster

Offizier, damals Kommandant eines kleinen U-Boot-Jagdschiffs, hatte den Ozeanriesen im Verlauf der Aktion bei Fehmarn versehentlich längsseits gerammt und erheblich beschädigt.[3] Kollisionen waren bei der Marine nicht unbedingt Karrierekiller, und ein alter Marinespruch lautete: *Wer nicht einen Zerstörer vierkant auf die Pier gesetzt hat, wird kein Admiral.* In diesem Fall haute der Spruch aber nicht hin, denn die deutschdeutsche „Ramming" des Ostdampfers durch den Klassenfeind war politisch einfach zu brisant. Der junge Kommandant wurde nie Admiral, machte aber eine respektable Karriere – was ich meinem hochverehrten, viel zu früh verstorbenen Vorgesetzten Johannes H. rückblickend von Herzen gönne.

Bis zur fliegerischen Ausbildung war noch etwas Zeit. Ich hatte gerade mal wieder Brückenwache in der Ostsee, als ein ehemaliger Starfighterpilot hinzutrat. Er flog aus gesundheitlichen Gründen nicht mehr und war ein paar Tage als „Badegast" auf der *Karlsruhe* eingeschifft. Wir unterhielten uns über Arizona, den Grand Canyon und alles, was dieser Ex-Pilot an der Jetfliegerei so toll fand: Geschwindigkeit und Flugzulage, schnellere Beförderungen und sogar eine Frühpensionierung mit 41 Jahren. Der Mann hatte Überzeugungskraft! Die Frührente lag noch zwanzig Jahre in der Zukunft und war mir ziemlich wurscht, doch der Rest klang sexy.

Starfighter fliegen – wie aufregend musste das sein! Ich war doch jettauglich und konnte es probieren; mehr als auslachen und raus werfen konnten sie mich nicht. Kurzentschlossen verfasste ich ein neues Fernschreiben und bat um einen anderen Lehrgangsplatz. Nun wollte ich Strahlflugzeuge fliegen.

---

[3]   Ein Stoff wie aus einem Agentenfilm: Das Passagierschiff *Völkerfreundschaft* der DDR-Urlauberflotte kehrt im Frühjahr 1968 von einer Kubareise zurück. An Bord ein fluchtwilliger Passagier, der nach geheimer Absprache bei Fehmarn über Bord springen und von zwei Fahrzeugen der Bundesmarine geborgen werden soll. Eines davon, der U-Boot-Jäger der Triton-Klasse P 6113 *NAJADE* rammt bei dem Manöver versehentlich die Backbordseite des Ozeanriesen. Glücklicherweise wird niemand verletzt, der Flüchtling ist in Sicherheit und wird später nach Westdeutschland gebracht.

Auswahlschulung

Meine „Flugerfahrung" bestand aus einigen wenigen Urlaubstrips mit Linienmaschinen und ein paar lächerlichen Fallschirmhüpfern. Ohne auch nur einmal im Leben ein Modellflugzeug gebaut zu haben, hatte ich mich als Marineflieger beworben.

Ich hatte gelesen, dass die angehenden Jetpiloten nach der normalen Seeoffiziersausbildung in ein Auswahlprogramm bei der deutschen Luftwaffe und anschließend ins US-Pilotentraining gingen. In der Broschüre stand auch, dass die Marine zwei F-104-Geschwader besaß, die stolz als *Hammer der Flotte* tituliert wurden und sehr effektiv mit anderen Flugzeugen und Schiffen zusammenarbeiteten.

Die Aussicht, einmal im Starfighter-Cockpit im Tiefstflug über See zu düsen, war für mich wie ein ferner Traum; beim Bund schien es jedenfalls kaum einen vergleichbaren Kick zu geben. Ältere Offiziere behaupteten zudem, Marinepiloten hätten mehr Spaß als die der Luftwaffe, die ja ebenfalls F-104 besaß. Eines stand fest: Vor unserer Küste begann das Gebiet des Warschauer Pakts. Ich malte mir aus, wie unsere Marineflieger auf ihren Einsätzen direkt vor der Haustür des potenziellen Gegners herumdonnerten, auf russische Zerstörer, allerlei Ost-Jets und Bomber trafen und unter ihren Augen militärische Übungen durchführten. Das musste wahrlich ein abwechslungsreicher Job sein!

Ich hatte freilich großen Respekt vor der Ausbildung. Nicht einmal begnadete Testpiloten wachten nach ein paar Übungsstunden als fertige *Starfighter Driver* auf. Was musste ich als blutiger Anfänger erst alles lernen! Alle Fluganwärter wurden zunächst in Fürstenfeldbruck einem *Screening* (einer Auswahlschulung) unterzogen und bei Erfolg zum weiteren Training auf Jets, Props oder Hubschrauber verteilt.

Ich fuhr mit meinem rostigen BMW im Januar 1976 direkt vom Schiff nach Bayern. Der Fliegerhorst war ein Werk des berühmten Braunschweiger Architekten Ernst Sagebiel[4], und unsere

---

4   Ernst Sagebiel, der Vater der sogenannten „Luftwaffenmoderne", entwarf auch Bauten wie die Flughäfen München-Riem und Berlin-Tempelhof, das Reichsluftfahrt- und

Unterkünfte lagen im legendären, ellenlangen *Kilometerbau.*

Sofort nach unserer Ankunft begann in einer Baracke der Theorieunterricht. Einige Fächer wurden auf Englisch gegeben. Mister M. A. Din, ein früherer Flight Lieutenant (Hauptmann) der pakistanischen Luftwaffe, brachte uns *Principles of Flight* bei, Aerodynamik für Fußgänger. Seine Methode war ebenso wirkungsvoll wie einfach: Wichtiges wurde auswendig gelernt und gebetsmühlenartig abgefragt.

„Is flying a piece of cheesecake, Mr. ...?", lautete die bereits dutzendfach gestellte Frage zu Beginn jedes Unterrichts. Der Angesprochene musste antworten: *„No, Mister Din. It is highly intricate and complex."* Sätze wie diese machten den guten Mister Din unsterblich und halfen uns, auch den trockensten Stoff zu verdauen. Ich bekam allmählich Ahnung von Flugzeugen und war gespannt auf das praktische Screening.

Bald schoben wir tarnfarbene Tiefdecker aus dem Zulu-Hangar im Norden des Brucker Fliegerhorsts. Die „Pidschies", amtlich *Piaggio P 149 D*, waren muntere viersitzige Flugzeuge mit Einziehfahrwerk, Verstellpropeller und einem kräftigen, aber ziemlich durstigen Lycoming-Sechszylindermotor. Das Instrumentenbrett war voller Uhren, die ich beim *Blindfold Cockpit Check* mit verbundenen Augen zeigen musste.

Dann kam der große Moment des ersten Fluges. Ein freundlicher, graubärtiger Leutnant namens Nostrini drehte mit mir ein paar Runden im Norden der Basis. *„Dafür bekommen wir noch Geld!"*, rief er gut gelaunt. Falls ich das Screening bestand, wollte ich das Fliegen von so motivierten Leuten erlernen.

Das Aussieben untauglicher Fluganwärter hatte begonnen und unser Häuflein wurde kleiner. Wir lernten, präzise Flugmanöver auswendig und genau in der Luft zu demonstrieren: Steilkurven, Strömungsabriss, Landeanflüge und so weiter. Bis zum Soloflug sollten die Fluglehrer herausfinden, ob wir zum Flugschüler geeignet

---

spätere Bundesfinanzministerium und zahlreiche weitere Luftwaffeneinrichtungen im ehemaligen Deutschen Reich.

waren und falls ja, für welche Art von Luftfahrzeug. Ansonsten blieb man Fußgänger, sofern nicht gerade Bedarf an Kampfbeobachtern (KBO) für das hintere Cockpit eines Kampfjets vorhanden war. Diese Tätigkeit kam für mich nicht infrage: Ich wollte selber fliegen oder die Bundeswehr verlassen.

Glück und gute Tagesform brachten mich heil über den Checkflug. Ich hatte das Screening bestanden! Noch etwas Flugphysiologie bei Mister Din, und unsere Klasse konnte ins Pilotentraining nach Texas gehen. Doch im Sommer 1976 waren auf der Sheppard Air Force Base im fernen Wichita Falls alle Lehrgangsplätze belegt. Wir wurden als „Überhänger" in Bayern geparkt und genossen dort den Rest des Jahres. Wer nicht auf dem Ammersee segelte, erkundete München. Ich besuchte mit ein paar Freunden das funkelnagelneue Olympiastadion, wo Paul McCartney mit den *Wings* seine Fans mit einer gewaltigen Lasermusikshow zum Toben brachte. So ging ein schönes Jahr in Bayern vorbei, und wir freuten uns auf das Land der unbegrenzten Möglichkeiten.

Einweiser auf dem Fliegerhorst Fürstenfeldbruck, 1976

Jets für Anfänger

Lone Star State Texas

Der 12. Januar 1977 war ein eisiger Tag. Schwerfällig startete die vollbesetzte Luftwaffen-Boeing B 707 von Köln in Richtung Amerika, an Bord viele Soldaten und Familienangehörige. Dreizehn Monate Texas lagen vor uns. Danach sollte jeder auf sein Flugzeugmustertraining auf einen anderen US-Platz oder nach Deutschland gehen, vorausgesetzt, er schaffte das texanische Undergraduate Pilot Training (UPT).

Unser Dienstvertrag wurde erst nach Bestehen der jeweils nächsten Hürde verlängert. Am Ende der Ausbildung winkte der Berufssoldatenstatus mit einer Altersgrenze von 41 Jahren, einem gewissen Pensionsanspruch und der Zusage, nach der Dienstzeit auf Bundeswehrkosten umschulen oder studieren zu können. Solche Privilegien genossen nur Düsenflieger: wegen des frühen Verschleißes, wie es hieß. Ich war bereit, mich in die Mangel nehmen zu lassen.

Nach einem kurzen Zwischenstopp in Washington landete die B 707 auf der Sheppard Air Force Base in Texas. Wir hatten schon viel vom reichen Ölstaat gehört, dessen Bewohner auf ihren *Lone Star State* schworen und sich aus dem Rest Nordamerikas nicht viel machten. Man verglich sie in mancher Hinsicht, auch wegen des besonderen Dialekts, mit unseren Bayern.

Der ehemalige Bomberplatz des *Strategic Air Command (SAC)* der U.S. Air Force lag dicht an der Grenze zu Oklahoma und beherbergte rund 18.000 Soldaten, darunter die *89*[th] *Flying Training Wing* mit der benachbarten *1. Deutschen Luftwaffen-Ausbildungsstaffel USA*. Schuljets, Verwaltung und Sportanlagen befanden sich gleich um die Ecke.

Ein riesiges Flugfeld: Sheppard Air Force Base im Jahre 1977

Wir wurden zu je vier Mann in kleine Bungalows gesteckt. Dieses Mini-Dorf, *Germantown*, stand unweit des Officers' Clubs. Wie wir erfreut feststellten, wohnten ganz in der Nähe auch Hunderte junger *Flight Nurses* – frisch ausgebildete, für medizinische Evakuierungsflüge vorgesehene Krankenschwestern. Sie lernten marschieren, bevor sie zu ihren Einsatzflugplätzen versetzt wurden. *Germans* passten offensichtlich in ihr Beuteschema. Wir hatten nie Langeweile und mussten das Gelände eigentlich nur verlassen, um eine der riesigen Stereoanlagen zu kaufen oder mit einem weiblichen Oberleutnant in die Disco zu gehen.

Auf der „Tweet"

Ich kam in die *C-Flight* auf den zweistrahligen Unterschalltrainer Cessna T-37, meinen ersten Jet. Düsenflugzeug, das verhieß Eleganz und Power. Von wegen! Die T-37 war ein hässliches Entlein mit seltsam gedrungenen Proportionen und winzigen, ohrenbetäubend schrillen Triebwerke. Von den Piloten wurde die T-37 liebevoll *Tweet* oder *Tweety-Bird* genannt, manchmal auch *Zwille.* Wir Neulinge waren mächtig stolz auf das Vögelchen.

Mein erster Fluglehrer, Captain Heath, kam direkt vom mächtigen B-707-Tanker auf die kleine Tweet und empfand dies als Schmähung. Es war ihm wie den anderen Fluglehrern ergangen, die von Transportern und Kampfjets zum *Air Training Command (ATC)* versetzt worden waren: Sie alle mussten die Zähne zusammenbeißen und fliegen, was man ihnen vorsetzte. Captain Heath war ein netter Bursche. Nach den ersten, schier endlosen Trudelübungen mit der Tweet packte ich meine volle Kotztüte ins Kartenstaufach, was er höflich übersah.

Unsere Flüge wurden auf computerlesbaren Bögen erfasst. Der Fluglehrer bewertete die Mission auf kleinen Einzelfeldern, die per Bleistift geschwärzt wurden. Die Noten reichten von „E" wie *excellent* bis „U" für *unsatisfactory,* ungenügend. Das Trainingsprogramm hatte eine große Tücke: Es setzte ständige Fortschritte voraus. Was gestern noch mit *excellent* bewertet worden war, galt schon am nächsten Tag als Mindeststandard. Am übernächsten Tag reichte die gleiche Leistung kaum noch für ein *fair* (ausreichend).

Einzelne „U" durfte man sich leisten, zwei davon machten den Flug zunichte und man wurde *gepinkt.* Der Ausdruck stammte noch aus Zeiten, als man schlechte Benotungen auf rosa Zetteln, sogenannten *pink slips,* vergab. Einen Pink konnte man meist wiederholen, beim zweiten bekam man schon einen neuen Fluglehrer zugeteilt. Wieder kein Fortschritt – und nur noch ein Gremium von Fluglehrern und Vorgesetzten konnte bei der sogenannten Boardverhandlung darüber entscheiden, ob weiteres Training für den Kandidaten noch sinnvoll war.

Das Fortschrittsprinzip war gnadenlos. Wer nicht mithalten konnte, war in wenigen Tagen weg vom Fenster. Mancher kassierte montags seinen ersten Pink und packte schon am darauffolgenden Freitag die Koffer.

Sechs von uns vierzehn kehrten vorzeitig nach Hause zurück. Die meisten waren nach ersten Anfangserfolgen in irgendeiner Trainingsphase abgelöst worden. Einzelne Schüler mit Schwächen in Formations- oder Kunstflug, aber ansonsten soliden Leistungen, durften zu den Transportfliegern wechseln.

Zu den Lichtblicken zählte der hemdsärmelige Umgangston. Die Amis verstanden Spaß, nach einer Weile durfte man die meisten mit *Bill* oder *Cliff* statt mit *Sir* anreden. *Cooperate and graduate*, hämmerten uns die Lehrer ein. *Arbeitet zusammen und ihr schafft es.* Manchem half Teamarbeit über schwache Phasen hinweg. Für Sonderlinge war im System wenig Platz. Wer in der Ecke hockte und sich nicht helfen ließ, war selbst schuld.

Ich war noch im Rennen, hoffte auf mein Glück und flog, so gut ich konnte. Die U.S. Air Force als Hausherr teilte sich das Training mit unserer 1. Deutschen Luftwaffen-Ausbildungsstaffel, und unsere Lehrer stammten aus beiden Ländern. Unter ihnen waren Vietnamveteranen, Collegeabsolventen der Air Force Academy, trockene Norddeutsche und waschechte Bayern – allesamt handverlesene, gute Piloten, wo auch immer sie herkamen. Mancher amerikanische Instructor war gerade Mitte zwanzig und selbst vor kurzem durch das UPT-Programm gegangen.

Deutsch zu sprechen war im Dienst untersagt. Die Amis machten sich über unser holpriges Englisch lustig, dafür ärgerten wir sie mit ihren lückenhaften Geschichts- und Erdkundekenntnissen. Am Freitag traf sich alles in Duffy's Bar im Offiziersheim. Jeder wollte nach der harten Woche entspannen und feiern, dass er noch im Programm war. *„Are you German?"*, fragten die hübschen Krankenschwestern vom Nachbartisch. Das Wochenende nahm seinen Lauf.

Das Cockpit der T-37 war *retro* – nichts als Uhren, uralte Funkgeräte und dicke Schalter. Immerhin kam man mit dieser Steinzeitausstattung von A nach B, sofern der geringe Spritvorrat reichte. Man saß nebeneinander auf einfachen Schleudersitzen. Die Feuerstühle sollten einem im Ernstfall den Hintern retten, vorausgesetzt, Mindesthöhe und Geschwindigkeit passten. Das Notverfahren zum Ausschuss hieß: *Arming handles ... raise. Trigger(s) ... squeeze*, auf Deutsch: *Zieh die Sicherungsgriffe hoch und drücke [mindestens] einen Abzugsgriff.* Wir trugen Fallschirme wie auf der Piaggio. Oberhalb von 10.000 Fuß (etwa 3 km) Flughöhe wurde eine Verbindungsleine getrennt, die beim Notausstieg sofort den Fallschirm ausgelöst hätte. Das war wichtig, denn man durfte in großen Höhen nicht zu lange ohne Sauerstoff am Schirm baumeln, den hatte man dann ja nicht am Mann. Das Aushängen dieser *Zero Delay Lanyard*-Leine garantierte, dass der Pilot nach dem Ausstieg erst in dichtere Luftschichten fiel, bevor der Höhenautomat den Rettungsschirm auslöste.

Die Tweets der U.S. Air Force waren schon seit den späten 1950er-Jahren im Einsatz, in Mittelamerika flog sogar die bewaffnete A-37-Version. Sie sollte, ganz in Tarnfarben, wohl Eindruck auf Guerillas und Schmuggler machen. Unsere unbewaffnete Tweet war mit ihren gerade mal drei Tonnen Abfluggewicht ein kleiner, zahnloser Zwerg, aber ein ehrliches Schulflugzeug: einfach zu bedienen, prima zu trudeln und gnädig bei miesen Landungen.

Die Sheppard Air Force Base teilte sich das Gelände mit dem Wichita Falls International Airport. Das bedeutete Mischverkehr von T-38-Trainern, „richtigen" Kampfjets, Bombern, Verbindungsflugzeugen, Helikoptern und Airlinern. Unter den letzteren waren auch interessante Oldies - 1950er-Jahre-Convair-440-Brummer, winzige Beech-18 - und DC-8-Frachter, die im Regierungsauftrag diskret mysteriöse Ladung an Bord nahmen oder ausluden.

Die Militärlotsen im Tower (der gesamte Platz wurde von der US Air Force technisch betreut) hatten schon mit dem normalen Verkehr alle Hände voll zu tun. Darum standen an einigen der drei Landebahnen extra Beobachtungshäuschen zur Beaufsichtigung des Schulungsbetriebes. Kampfjets fegen in der Regel mit hoher Geschwindigkeit in Formation über den Platz. Auf ein Handsignal bricht der Leader zur Platzrunde hinweg, mit wenigen Sekunden Abstand der nächste, und so weiter. Im Gegenanflug wird das

Fahrwerk ausgefahren. Landescheinwerfer, Klappen – schon ist jeder im Endanflug für den *Touch and Go* (Durchstarten) oder die *Full Stop*-Abschlusslandung.

Propellerflugzeuge fliegen in der Regel ein *Box-Pattern* (eine rechteckige Platzrunde), Airliner kommen meist über Radar angeflogen. Diese Vielfalt der Verkehrsteilnehmer erforderte volle Aufmerksamkeit von uns Flugschülern, da noch die Routine fehlte.

Wer von uns einen Funkspruch des Towers nicht mitbekam oder bei

der vorgeschriebenen Platzrunde schlampte, musste einen *Break-Out*[5] machen. Ich bekam in meinen feuerfesten Handschuhen schon feuchte Hände, sobald ich mich auf dem Heimflug auch nur der Basis näherte

Der Verfasser an der T-37 beim morgendlichen Preflight Check.

---

[5]   Break-Out = Ausbrechen aus der Platzrunde eines Flughafens

Ausbildung nach Plan

Jettraining beginnt stets mit der *Contact Phase* - Start und Landung, Kunst- und Alleinflug (Solo). Um ausgiebig Landungen zu üben, flogen wir zu gottverlassenen, immerhin asphaltierten *Auxiliary Fields* aus der Vorkriegszeit. Auf dem Heimweg nach Sheppard ging es ins Kunstflugübungsgebiet, bis der Sprit fast zur Neige war. Die Contact-Phase schloss mit einem *Checkride* ab; dann folgte die Instrumentenflugphase.

Instrumentenflug auf Kampfjets ist etwas völlig anderes als im Zivilflugzeug. Es gibt nur eine vergleichsweise simple Grundausstattung, deren Kern das militärische Funkempfangssystem TACAN[6] darstellt. Sein Prinzip ähnelt dem zivilen VOR-DME, einem UKW-Funkpeiler mit Distanzmessung. Beide Systeme bieten Nadeln auf einer Kompassrose, die zur Station weisen. Die „Standlinie", auf der sich das Flugzeug relativ zum Funkfeuer bewegt, wird als *Radial* bezeichnet. Nur die wenigsten Kampfflugzeuge hatten zu unserer Zeit ein ILS-Instrumentenlandesystem wie im Airliner, das dem Piloten erlaubt, auf einem festen Gleitpfad und Landekurs zur Landebahn zu fliegen. So mussten wir innerhalb weniger Flugstunden lernen, unser Gleichgewichtsorgan – das oft im Geradeausflug durch Wolken eine Schräglage meldete und umgekehrt – zu ignorieren und so genau auf Knoten und Fuß zu fliegen, dass der Lehrer zufrieden war.

Unser Training wurde allmählich immer „kampfjetmäßiger", und nach wenigen Wochen machten wir schon Formationsflug. Als Wingman (Rottenflieger) an der Seite des Leaders in einer Formation zu fliegen – kopfüber und unter G-Belastung, bei Nacht oder in den Wolken – verlangte höchste Konzentration; es ging um das möglichst genaue und synchrone Nachbilden aller Flugfiguren des Leaders, ohne Blick ins eigene Cockpit. Hier trennte sich oft die Spreu vom Weizen, und mancher Jungpilot musste in dieser Ausbildungsphase Abschied vom Jet nehmen.

„Always fight for the perfect position", kommentierte Ausbilder Tom

---

[6] TACAN: *Tactical Air Navigation and Ranging,* taktische Flugnavigation und Entfernungsmessung

vom Nachbarsitz meine ersten Versuche, als Wingman die T-37 auf Fingertip-Tuchfühlung zum Leader zu halten. Mir lief der Schweiß, während ich versuchte, mit kleinen Korrekturen dranzubleiben. *„Der Leader ist dein künstlicher Horizont"*, erklärte Tom geduldig. *„Was er macht, machst du auch."* Das war leichter gesagt als getan: Auch wenn mein Nachbar nur mit moderater *Bank* (Schräglage) und konstanter Geschwindigkeit dahinflog, schien er ständig hin und her zu zucken. Dabei machte ich selbst diese Bewegungen, denn mein Hirn konnte die optischen Eindrücke und Muskelbewegungen noch nicht koordinieren. *„Merk dir die Positionen von Helm, Triebwerkseinlass und Navigationslampe beim Nachbarn, und halte sie dort"*, forderte Tom mich auf. Mit der Zeit klappte es besser, und die Übungen wurden schwieriger.

Zum Prüfungsprogramm gehörte ein *Rejoin*, die Rückkehr zur Formation. Dabei drehte der Leader in einiger Entfernung gemächliche Kreise, während sein Wingman auf einer gedachten Linie vom Kreisinneren auf ihn zu flog. Für Anfänger war es schwer, die Relativgeschwindigkeiten auf der Kreisbahn und die Position zum Leader einzuschätzen. Mal hungerte der Übervorsichtige den Flieger hinter der Leader-Maschine aus, ohne ran zu kommen; mal rauschte er mit „Schmackes" auf den Leader zu und konnte sich nur durch ein rasches Ausweichmanöver vor einem Crash retten. Wir lernten die wichtigste Regel: Verliere beim Formationsflug nie den anderen außer Sicht. Wer in einer beliebigen Flugsituation nicht 100-prozentig sicher war, dass alles passte, musste aus der Formation ausbrechen und später wieder einen Rejoin machen.

Der Flugbetrieb begann jeden Morgen mit einem *Formal Briefing*. Nach den üblichen Tagesbefehlen musste ein Flugschüler auf ein Stichwort hin ein Notverfahren (zum Beispiel *Engine Fire*) fehlerfrei vortragen wie ein Gedicht auf dem Gymnasium. Das gelang nicht immer, zum Beispiel bei der endlosen Trudel-Checkliste. Wer stotternd stecken blieb, wurde sofort vom Flugdienst suspendiert und durfte erst am nächsten Morgen wieder antreten. Auch bei den wöchentlichen, schriftlichen *Bold Face Procedure Tests* - Notverfahren, die auswendig beherrscht werden mussten - durfte kein Komma fehlen. Da verstanden die Amis keinen Spaß; selbst die Ausbilder konnten dort oder bei einem der berüchtigten *no-notice-Checkrides* (unangekündigten Überprüfungsflügen) schnell durchfallen und vorübergehend *gegroundet* werden.

Im T-37-Trainingsprogramm waren Tief-, Nacht- und Überlandflüge zu absolvieren. Wir malten mit Filzstift Kurse in unsere Karten wie zivile Flugschüler; allerdings flog unsere T-37 fast dreimal so schnell wie eine kleine Piper oder Cessna. Bei solchen Geschwindigkeiten sah nachts ein texanisches Dorf wie das andere aus. Ich war jedes Mal heilfroh, wenn die vertrauten Umrisse unserer Basis wieder aus dem Dunkel auftauchten. Unsere Freundinnen durften den Platzrunden vom Tower aus zusehen und hinterher in der Staffel mit uns und den Fluglehrern Pizza essen.

Formationsanflug mit der Northrop T-38 in Texas. Der Fluglehrer überwacht die Landung vom hinteren Sitz.

Fliegen und Genießen

Apropos: Ohne Essen, Trinken und Feiern geht für werdende Fighterpiloten gar nichts. In den Germantown-Bungalows machten Vorgesetzte nur sporadische Kontrollen. Am Wochenende dröhnte laute Rockmusik aus den Zimmern, selbst dann, wenn wieder mal ein Pärchen Privatsphäre brauchte. Die Betreuung durch die Krankenschwestern war vorbildlich, und einige heirateten später einen deutschen Piloten. Wer von den Flugschülern am frühen Morgen etwas ermüdet zum Briefing auftauchte, wurde von den Kameraden mit breitem Grinsen empfangen. Die Vorgesetzten drückten ein Auge zu, solange die Leistungen stimmten. Sie luden uns auch selbst zu großen Partys ein. Die mexikanische Frau meines Fluglehrers machte Enchiladas zum Niederknien; bei den ortsansässigen Farmern und Geschäftsleuten gab es saftige Steaks und Salate. Sie organisierten Open-Air-Grillpartys mit Country- und Westernmusik, Segeltouren am Lake Arrowhead oder Trips ins benachbarte New Mexico. Wir fühlten uns wie Ehrenbürger von Texas.

Es war schön im wilden Westen, dessen Dimensionen für uns riesig waren. Autofahren konnte bedeuten, über zehn Stunden auf dem gleichen Highway zu fahren; er war meist breit und leer. Der einzige Wermutstropfen waren die Cops der Highway Patrol mit ihren Radarpistolen. Sie schienen entschlossen, die seinerzeit lächerlich niedrige Geschwindigkeitsbegrenzung von 55 Meilen pro Stunde (88 km/h) mit diesem neu eingeführten Hilfsmittel durchzusetzen. Hinter jedem zweiten Brückenpfeiler vermuteten wir einen Beamten; da musste man dicht hinter einem der Lastzüge bleiben, die mit Radarwarngeräten (*fuzz busters*) stur ihr 70-Meilen-Tempo hielten.

Wir hassten es, wenn Country-Star John Denver im Radio Werbung für das Speedlimit machte: „*Drive fifty-five, it's the law ...*" Wie konnte sich der Mann so vor den Karren spannen lassen! Ausgerechnet ihn erwischte es vor einigen Jahren mit dem Ultraleichtflugzeug. Man fand seinen leblosen Körper irgendwo in den Bergen; er besaß nicht mal eine Fluglizenz.

Wings

Noch vor einem Jahr waren wir verdammte Fußgänger. Jetzt trugen wir Helme, Sauerstoffmasken, Kombis und Springerstiefel, feuerfeste Handschuhe und Fallschirme wie richtige Piloten. Wir fühlten uns großartig. Eines wurde uns allerdings jeden Freitag in Duffy's Bar wieder bewusst: Wir hatten noch keine Schwinge auf der Jacke. Das war ungünstig, denn so eine *Wing* stellte neben gewissen körperlichen Gaben, die bei jungen Damen zählen, das wichtigste Merkmal eines Fighter-Piloten dar. Doch leider gab es vor Ende der T-37-Ausbildung keine Pilotenurkunde und auch keine angemessene Kohle. Genau genommen waren wir sogar erst nach der Überschallschulung auf der T-38 „echte" Piloten, wenn uns die U.S. Air Force ihre eigene Schwinge verlieh. Man musste also zwei Wings auf der Brust haben.

Nach einem guten halben Jahr war der erste Schritt geschafft. Wir bekamen die deutsche Wing und ein paar Tage frei. Ich spendierte meinem roten VW die größte Stereoanlage, die rein ging und reiste in die Gegend um San Antonio. Dort gab es deutschstämmige Orte mit lustigen Trachtenfesten und die Golfküste mit schönen Stränden.

Alle waren irgendwo auf Tour: Hasso und Gonscho brummten mit mir im Wohnmobil zur mexikanischen Grenze, dann fuhr ich mit Knips und Lössi in Lössis altem BMW 1800 kreuz und quer durchs Land. Ein einfaches Doppelzimmer mit Farb-TV kostete nicht mal 15 Dollar, die Tankfüllung fürs Auto 5 Dollar; dafür bekam man eine Pizza mit Softdrink. Es waren gute Zeiten, auch für die wenigen Privatflieger unter uns. Kleine Flugzeuge konnte man ab 12 Dollar pro Stunde inklusive Sprit mieten, mit Einziehfahrwerk ab 30 Dollar, zweimotorige Cessnas mit Lehrer für 80 Dollar. Landegebühren waren unbekannt, wer konnte da widerstehen.

Ich war jetzt 23 und fand das Leben aufregend. Wir hatten sieben Monate Anfängertraining auf der Sheppard Air Force Base durchgestanden; die Twindüse T-37 war unser Kumpel geworden. Trudeln und Formation fliegen waren fast schon Routine, und niemand kotzte mehr in seine Sauerstoffmaske. Ältere Lehrgänge nahmen uns langsam für voll, die jungen Air-Force-

Krankenschwestern sowieso. Am Pool, bei *Frozen Margaritas*, war der heiße Sommer äußerst erträglich. Eigentlich lief alles super, doch wir wussten: in Paradies waren wir nur zu Gast, wenn unsere Leistungen stimmten. Einige von uns hatten schon das Training geschmissen, und bis zum Lehrgangsende in dreizehn Monaten konnte jeder noch nach Deutschland geschickt werden. Da half nur der Blick nach vorn. Nun kam der schöne, schlanke T-38-Jet an die Reihe. Überschall! Wir waren bereit, die Raubtiere in uns zu entdecken.

Für den Anfänger kostbarer als ein neues Auto: die Pilotenschwinge

Auf der T-38

Unser nächster Trainingsabschnitt begann in der *H-Flight*, wieder ein großer, fensterloser Raum mit Blechspinden, Stahltischen und Checklisten unter Plexiglas, an den Wänden Fotos und Lehrmaterial. Am Boden schwarz-weißes Linoleum, in der Ecke die Kaffeemaschine. *„Ihr könnt fliegen"*, grinste Hermann, der deutsche Flight Commander. *„Aber jetzt kommt das Fine-Tuning."* Er sprach auffallend deutlich und gedehnt, und sein Englisch hatte einen süddeutschen Akzent.

Unser neuer „Porsche" Northrop-T-38 *Talon* (Kralle) war die unbewaffnete Zweisitzer-Ausführung des leichten Jagdflugzeugs F-5 *Tiger*. Ein Jet, wie er im Buche stand: schlank, schnittig, sexy. Die einsitzige F-5 hatte eine längere Nase und sah so bissig aus, dass sie in Billigfilmen des Öfteren als *Soviet Fighter* mit rotem Stern diente. Bei Luftkampfübungen gab der wendige Jet oft den „Gegner", denn er war ein prima *Dissimilar Aircraft*, ein unähnliches oder andersartiges Flugzeug.

Die T-38, eine Lady Jahrgang 1961, war zahnlos, aber schnell. Sie war einmal der erste Überschalltrainer der Welt gewesen, und seit vielen Jahren donnerten die Nachwuchsastronauten der NASA in ihren schicken, blauweiß lackierten Talons wie zum Spaß über der Wüste herum.

Auf unserer Luftwaffenbasis gab es außer uns keine anderen NATO-Soldaten, nur Söhne reicher Perser und feurige Jungs aus Honduras und El Salvador. Wir teilten uns brüderlich die deutschen, in US-Farben lackierten T-37 und T-38. Unsere Fluglehrer, Amis und Deutsche, gehörten zur *89th Flying Training Wing* oder zur Deutschen Ausbildungsstaffel.

Das T 38-Training war wie die Anfängerschulung aufgebaut: erst Theorie, dann Platzrunden, Kunst-, Tief- und Nachtflug, und so weiter. Dazwischen als Leckerbissen Überschall und am Ende *Fighter Lead-in*, ein Schnupperkurs im taktischen Formationsfliegen.

Wieder ging es in den *Link Trainer*, eine Art Steinzeit-Simulator. Aufgebockt in einem Übungsraum, diente er zum „Griffe kloppen" für Checklisten und Instrumententraining. Mehr war nicht drin, doch die meisten Trips fanden sowieso im richtigen Flugzeug statt. Der Sprit war billig, und die Bundesrepublik zögerte nicht, in jeden von uns über eine Million Deutsche Mark zu investieren, das x-fache eines Airline-Trainings.

Nach endlosen Super-8-Unterrichtskassetten auf dem Bildschirm des Learning Centers durften wir endlich wieder auf die Flight Line. Starten, Landen, ein paar Überschläge, Checkflug: die T-38 war ein heißer Ofen. Man saß hintereinander; der Schleudersitz war bequemer, das Cockpit moderner und aufgeräumter als in der kleinen T-37. Unter dem Glasdach kam Fighterfeeling auf, so erstklassig war die Sicht.

Solo-Trips auf der T-38 waren gut fürs Ego. Wir wussten, wie man es macht: Erst der Außencheck am Flieger, dann per Bodenaggregat das Triebwerk anlassen und abrollen. Ab auf die Startbahn, Gase rein, Instrumentenabflug: nach wenigen Minuten war man im Übungsgebiet und bekam vom Radarlotsen eine Luftraumbox zugewiesen. Dort trainierte man Loop, Immelmann, Cuban Eight, Split-S, Fassrolle, bis der Sprit zur Neige ging. Dann ging es für einige Landungen zurück zur Basis. Ich hatte meist eine Pocket-Kamera dabei und machte gern Selbstporträts im Rückenflug. Manchmal, auf Missions mit Fluglehrer, nahm ich auch meine Super-8-Filmkamera mit und drehte, bis ihr kleiner E-Motor unter der g-Belastung jämmerlich zu rattern begann.

Im Cockpit der T-38:

rechts unten der G-Meter für die Beschleunigung

Die g-Kraft und ihre Tücken

Beschleunigung ist ein wichtiges Element der Fighterfliegerei. Piloten müssen auch in scharfen Kurven dauernd einige viele Eckdaten ihres Flugs überprüfen, denn die Klappenstellung, Flügelpfeilung oder der Restkraftstoff in den Tanks haben Einfluss auf die g-Toleranz von Zelle und Flügeln. Fünf-, sechs-, siebenfache g-Kraft verträgt jeder Durchschnittspilot, ein Fußgänger gut die Hälfte. Heute wird Piloten im Propellerkunstflug und auf den modernen Kampfjets das neun- oder zehnfache Körpergewicht zugemutet. Als Faustwert für „normale" Ausweichmanöver galten zu unserer Ausbildungszeit 5 g; damit konnte man im „Gefecht" nicht viel falsch machen und den Flieger nicht verbiegen. Die T-38 hatte zwar noch etwas höhere Limits, doch wer zu abrupt am Knüppel riss, konnte die Dame mit einem einzigen Over-g bis zur Fluguntauglichkeit deformieren.

Auf einem Trip mit dem deutschen Staffelboss gab es ein kleines Missverständnis. Wir befanden uns gerade im Rückenflugabschnitt einer *Kubanischen 8* – zwei halben Loops mit Zwischenkehre –, als dem Chef das Einrollen zum nächsten Manöver wohl zu lahm vorkam. „*Mehr, mehr!*", rief er von hinten. Er meinte die Rollrate, ich dachte an Beschleunigung und zog beherzt am Knüppel. 8,4 g zeigte die Uhr, viel zu viel für unser armes Flugzeug bei seinem aktuellen Gewicht.

„*Oh Gott, oh Gott*", hörte ich den Oberstleutnant in meinem Kopfhörer erschrocken ausrufen. *Hoffentlich ist der Flieger noch heil*, schoss es mir durch den Kopf. *Den Flug hast du versaut.* Ich hatte Glück, denn der Boss nahm das Missverständnis auf seine Kappe; für den ansonsten „anständigen" Flug gab er mir sogar eine gute Note. Unsere T-38 musste allerdings von der Technik inspiziert werden. Wo gehobelt wird, fallen Späne.

Ich hatte dazugelernt: Auch im harten Training durfte man mal Fehler machen. Ich bekam bald erneut Gelegenheit, durch „Mist bauen" schlauer zu werden. Es passierte auf einer Kunstflugmission, als ich meinem Fluglehrer Landungen demonstrieren sollte und im Kopf die Anfluggeschwindigkeit ausrechnete; wie in jedem

Flugzeug kommt auf einen Grundwert noch Aufschlag für den Restkraftstoff. Die T-38 besaß zur Kontrolle eine „Ampel"-Leuchtanzeige im Blickfeld des Piloten. Sie hing am Angriffswinkelmesser, der sich außen am Flugzeug wie eine Wetterfahne im Fahrtwind drehte und unbestechlich die jeweilige Fluglage angab, auch wenn der Geschwindigkeitsmesser streiken sollte. Pfeile signalisierten „zu langsam" oder „zu schnell", und ein grüner Kreis in der Mitte leuchtete auf, wenn die Geschwindigkeit stimmte.

Ich hatte mich beim Errechnen der Anfluggeschwindigkeit vertan und meinem Fluglehrer eine Zahl genannt, die um ein paar Knoten zu niedrig lag. *„Are you sure?"*, hakte der Instructor nach. „Yes, Sir", antwortete ich schneidig und dachte mir nichts dabei, als im Anflug der rote „zu langsam"-Pfeil ein paarmal aufflackerte. Im Bus zur Staffel dachte ich: *Toller Flug. Das gibt ein good oder sogar ein excellent.*

„Die Mission machen Sie wohl nochmal", meinte mein Lehrer beim Debriefing trocken. Ich traute meinen Ohren nicht! Als ich erfuhr, was ich falsch gemacht hatte, hätte ich mich am liebsten ins Hinterteil gebissen. Es half nichts: Einen solchen Patzer in einer kritischen Flugphase konnte mir der Lehrer nach den ehernen Regeln der Fliegerei nicht durchgehen lassen. Beim nächsten Mal saß ich vielleicht solo in der Mühle, bei Nacht und Nebel, verrechnete mich um mehr als nur ein paar Knoten und ging ungespitzt in den Acker. Zerknirscht schlurfte ich in meine Unterkunft; am nächsten Tag war die Blamage ausgebügelt.

Jeder holte sich mal ein blaues Auge, doch in der H-Flight und den benachbarten Klassen ging bis auf einen geplatzten Reifen alles glimpflich aus. Niemand landete mit eingefahrenem Fahrwerk, und der Schleudersitzausstieg eines persischen Kameraden lag auch schon länger zurück.

Supersonic Pilot

Nun stand Überschallflug auf dem Programm – ein Ritt, den kein Airlinepilot geboten bekam. Wir waren sehr gespannt; Legenden rankten sich um den *Supersonic Flight*. Die T-38 war für Mach 1,3 zugelassen. Die Mach-Zahl entspricht der wahren Geschwindigkeit durch die Luft, dividiert durch die örtliche Schallgeschwindigkeit. „Wahr" ist eine Cockpitanzeige, wenn sie für Außentemperatur, Luftdruck und Einbaufehler korrigiert wurde. Die Schallgeschwindigkeit hängt von der Außentemperatur ab. Die Machzahl wandert nach oben oder unten, wenn es kälter oder wärmer wird. Vergisst der Pilot zum Beispiel an einem kalten Wintertag, im Looping die Gase raus zu nehmen, erreicht er die Schallmauer früher als im Sommer. Am Boden macht es „bumm"; drinnen ist davon nichts zu bemerken.

Wozu überhaupt Überschall? Jagdflugzeuge nutzen ihren Geschwindigkeitsüberschuss, um in Angriffsposition zu kommen. Der Angegriffene versucht, sich mit Nachbrenner aus dem Staub zu machen - Geschwindigkeit als taktischer Vorteil oder letzte Rettung. Ansonsten ist der Nährwert nahezu gleich Null. Der Spritverbrauch nimmt schon vor der Schallgrenze enorm zu und erreicht darüber astronomische Werte. Die Durchflussanzeige zeigt den Mehrverbrauch gar nicht erst an, und man kann zusehen, wie die Tanks leergelutscht werden. Aus eineinhalb Stunden Sprit für normalen Tiefflug werden mit Nachbrenner blitzschnell 20 Minuten, wenn man nicht aufpasst.

Zur Vorplanung von Überschallflügen gibt es Tabellen, und wir machten unsere Hausaufgaben. In der *Supersonic Mission* sollten wir das Flugverhalten der T-38 kennenlernen. Man hatte uns versprochen: Sie agiert im Überschallflug stabil, aber im Vergleich zu größeren Fightern sensibler um die Querachse. Also: kleine Knüppelausschläge, große Wirkung – so nahe an der Höchstgeschwindigkeit kann man auch die g-Belastung schnell überschreiten.

Mein Flug war ein Traum. Klarer, blauer Himmel, ein frisch gewienerter Jet, der „durch die Mach" ging wie ein heißes Messer durch Butter. Kein Schütteln, kein Vibrieren, nichts. Nur pure Speed, wie von Fesseln befreit. Unter uns lief die Landschaft im Zeitraffer durch. Ich war schwer beeindruckt. Das Erlebnis war so schnell zu Ende, wie es begonnen hatte. *„Bingo"*, rief der Lehrer. Es war das verabredete Signal, wenn der Sprit zur Heimkehr rief. Also: Gase raus, Nase runter, ab in die Platzrunde und landen.

Wir waren nun offiziell Supersonic Pilots, und bei den Krankenschwestern stieg unser Marktwert. Am Freitagabend mussten wir in Duffy's Bar einen ausgeben. Wer von unseren Kameraden später einmal Unterschallmühlen flog, konnte immer sagen, er war einmal richtig schnell gewesen.

Das Pilotentraining auf der Sheppard Air Force Base war nun zu zwei Dritteln geschafft. Wir hatten Land und Leute kennengelernt, gewaltige Lautsprecherboxen angeschafft und unsere Autos aufgemotzt. Freundinnen fuhren mit uns zum Segeln auf dem Lake Arrowhead oder nach Galveston am Golf von Mexiko. Wir gründeten eine Country-Band und spielten auf dem texanischen Oktoberfest. Die Büffelei war hart, der Freizeitwert dafür umso höher. Es war ein Wahnsinnsleben.

Endanflug auf Sheppard Air Force Base, T-38, 1977

Ausflüge und Fortgeschrittenentraining

Um noch mehr von den USA zu sehen, machten wir Cross-Country-Flüge. Mit der T-37 waren wir schon in El Paso und New Orleans gewesen, auf T-38 stand San Diego auf dem Programm. Dort lag die Miramar Naval Air Station, die *Fightertown USA* der US-Marineflieger, später durch Tom Cruise und den Film *Top Gun* berühmt geworden. Mein Lehrer Tom Denk und ich saßen in der einen Mühle, Richy und sein Instructor Hermann in der anderen. Wir verbrachten ein tolles kalifornisches Wochenende: Shoppen im Navy-Supermarkt, Enchiladas im *Su Casa* in San Diego, dann mit Full Speed heim nach Texas.

Irgendwann wurde es auf dem Heimflug verdächtig still in der Gegensprechanlage. Ich schaute in meinen Rückspiegel: Toms Helm hing herab, er war eingeschlafen. Es kam vor, dass er sich bei erfahreneren Students ab und zu ein Nickerchen gönnte. Der Major war kurz vor der Rente und genoss höchstes Ansehen. Es wäre unhöflich gewesen, ihn zu wecken.

Tom war nicht das einzige Original unter den Instructor Pilots. Ed machte gern über Funk Blind Dates mit Fluglotsinnen aus; Hermann mit dem dunklen Schnauzbart wurde von den Mexikanern für einen Landsmann gehalten. Mel T. trug eine Kojak-Glatze (*„a nice military haircut"*) und schickte uns pausenlos zum Friseur. Unser deutscher Chef, eine Seele von Mensch, saß jedes Wochenende mit uns an der Bar. Beim Montag-Morgenbriefing musste der Arme den Alkoholerlass der Air Force verlesen; wir litten mit ihm. José, der Puerto-Ricaner mit dem lausigen Englisch, Rick, der Gentleman, Panik-Willi – sie alle waren anständige Kerle. Ich traf in der ganzen Ausbildung keinen einzigen, der zum Lachen in den Keller ging; falls doch, arbeitete er daran.

Unser Training sollte realistische Einblicke bieten. Darum machten wir Tiefflug, übten Luftkampf und taktische Formationen. In wenigen hundert Fuß düsten wir kreuz und quer über Texas. Schon verblüffend, wie schnell da unten bei 400 Knoten die Landschaft vorbeizog. Wer Checkpunkte wie Staudämme oder Highway-Kreuzungen nicht genau überflog, verfranzte sich leicht in der Wüste. GPS gab es noch nicht, und die herkömmlichen Funkfeuer waren so tief nicht zu empfangen. Hoch oben im Übungsgebiet konnten wir unser Sehvermögen testen. Eine kleine T-38 war aus zwei Meilen Entfernung kaum noch auszumachen; das waren gute Bedingungen für Übungsangriffe und Abfangversuche.

Wir hatten keine Waffen und noch weniger Ahnung von Luftkampf, schwitzten aber in unseren Cockpits schon wie richtige Fighterpiloten. Das lag auch daran, dass unsere Körper vom Nabel abwärts in Anti-g-Hosen steckten. Die seltsamen Bauch-Bein-Korsetts pumpten sich per Flugzeugluftdruck auf, sobald es in eine scharfe Kurve ging; so vertragen Piloten ein Extra-g an Beschleunigung. Ein weiteres g holen sie sich durch das sogenannte M1-Manöver, laut Dienstvorschrift ein *kraftvolles Ausatmen durch die teilweise geschlossene Stimmritze.* Das klang nicht nur bescheuert – es sah auch so aus, als kämpfte der Pilot mit Verstopfung. Immerhin, mit zwei zusätzlichen g in der Tasche konnte man prima um die Kurve jagen.
Beim *Fighter Lead-in* erprobten wir große, taktische Formationen. Zwei, vier oder mehr T-38 flogen in weitem Abstand neben- und hintereinander her. Der Leader begann eine Kurve, und die ganze Walhalla folgte ihm ohne einen Mucks. Alles lief nach einem festen Schema, und jeder flog mit mindestens 60 Grad Schräglage, um in den Kurven nur ganz kurz den Flügel zu zeigen; so ein *Wing Flash* kann im Ernstfall die Formation gegnerischen Jägern regelrecht vor die Flinte bringen. Jeder beobachtete den Luftraum um den anderen, so gut er konnte. Der Sichtbereich ist wie ein Zifferblatt aufgeteilt: 12 ist vorn, 6 hinten. *Check six* heißt: Pass auf meine 6-Uhr-Position auf! Man hat ja hinten keine Augen.

Formationsfliegen macht großen Spaß, besonders in größeren Gruppen. Je mehr Flugzeuge, desto stärker das Wir-Gefühl und die Verantwortung des Leaders. Er ist der Chef, Navigator und Funker in einer Person. Jeder Rottenführer dient seinen „Wingmännern" in den Wolken als künstlicher Horizont; es ist ein anspruchsvoller Job vom Start bis zur Formationslandung.

Zwei Flieger zugleich auf den Beton zu kriegen will auch geübt sein. Wir flogen leicht erhöht neben dem Leader her und machten ihm alles nach: Landeklappen und Fahrwerk ausfahren, dabei die

Geschwindigkeit genau halten. Erst kurz vor dem Aufsetzen geht der Blick nach vorn und jeder macht seine Landung. Aus Sicherheitsgründen bremst der Vordermann etwas später ab und bleibt auf seiner Seite der Landebahn, falls der andere nicht gleich zum Stehen kommen sollte.

Wir trainierten Formationslandungen auch bei Nacht und im Dunst; das war gewöhnungsbedürftig. Irgendwann war der Groschen gefallen und die Lehrer waren mit uns zufrieden. Sie gönnten uns zur Belohnung ein paar Kunstflugmanöver in enger Formation, extra für Foto- und Filmaufnahmen. Fassrollen in 4-Mann-Fingertip, dazu das Geschnüffel unserer Sauerstoffmasken – mein Super-8- Film (mit extra Tonspur am Rand) fing alles ein.

Formationsflug mit der T-3, aufgenommen beim Unterqueren der anderen Maschinen („Crossunder")

Endlich fertig

Unsere Sheppard-Ausbildung ging zu Ende, die letzten Flüge waren bestanden, alle Daten in die Computer gefüttert und die Umzugskartons gepackt. Nach den spannendsten 13 Monaten unseres Lebens wollten wir auch standesgemäß den Abflug machen. Nun war unser stolzer Tag gekommen: der Tag der Graduation.

Man kann über das Militär denken, was man will: kaum irgendwo sonst wird man stilvoller begrüßt und verabschiedet. Am eiskalten Morgen des 15. Februar 1978 stapften Klaus, Lössi und ich als letzte Absolventen unseres Kurses gegen 7.30 Uhr durch den tiefen Schnee zur Staffel. Colonel Deans, der amerikanische Boss, heftete uns die US-Schwingen an die Jacken. Geschafft! Ich fühlte mich drei Meter groß. Vergessen waren Kotztüte, Pinks, Stress und die Angst zu versagen. Nun konnte ich ohne Gesichtsverlust nach Hause kommen. Falls ich aus irgendwelchen Gründen fluguntauglich wurde, hatte ich immerhin schöne Zeiten in der Luft verbracht. Doch das war heute kein Thema: Gestern waren wir noch elende Fußgänger, jetzt Jetpiloten! Wir konnten unser Glück kaum fassen.

Längst hatte die Luftwaffen-Boeing 707 neue Nachwuchspiloten ausgespuckt. Wir hatten sie unter den Tisch getrunken und mit wilden Fliegergeschichten eingeschüchtert, auch unsere Krankenschwestern waren durch „frische" ersetzt worden. Nun war es an der Zeit, Germantown zu räumen und weiterzuziehen. Wir sollten bald unsere Einsatzflugzeuge kennenlernen – den F-104 Starfighter auf der Luke Air Force Base bei Phoenix in Arizona, die F-4F Phantom auf der George Air Force Base in Kalifornien oder den RF-4E Phantomaufklärer auf der Shaw Air Force Base in Alabama. Künftige Fiat-G91-Piloten gingen gleich zurück nach Fürstenfeldbruck. Ich war froh, auf den Starfighter geschult zu werden und noch eine Weile in den USA bleiben zu dürfen. Glücklich ließ ich mein Hab und Gut nach Phoenix verfrachten und begab mich auf Heimaturlaub nach Wilhelmshaven.

Starfighter fliegen

Wir vernahmen ein Geräusch, das wir noch nie gehört hatten. Mit einem Heulen, das Jäger vielleicht an einsame Wölfe in den White Mountains erinnerte, landete die erste F-104 mit ihrem J-79-Triebwerk in Phoenix.

Mike Vivian, United States Air Force

In Arizona

Nur zwei Jahre zuvor hatte ich auf der Fregatte *Karlsruhe* vom Fliegen geträumt. Nun, am 27. März 1978, hockte ich bereits als Nachwuchspilot in einem fensterlosen Schulungsraum irgendwo in Arizona. Der feierliche Anlass: die Begrüßung zum Starfighterlehrgang auf der Luke Air Force Base bei Phoenix.

Flight Commander Major Doug Fisher begrüßte uns. Dann trat ein Oberst in grüner Kombi ein, eine dicke Havanna im Mundwinkel. Er musterte uns wie Jugendliche, die gerade beim Ladendiebstahl ertappt wurden. *„Wir machen Fighter Pilots"*, verkündete er gedehnt und blies eine Qualmwolke zur Decke. Finsteren Blickes und mit John-Wayne-Stimme fügte er hinzu: *„Nicht jeder hat die richtige Einstellung."*

Wir fühlten uns durchschaut. Jeder wollte ein Held und Supermann sein, aber mit freiem Wochenende und geregeltem Urlaub. Kampfjets, dies machte uns der Colonel klar, waren keine Ferienbomber, und es konnte mal in einen heißen Einsatz gehen. Unsere dämlichen Gesichter schienen seinen Eindruck von uns zu bestätigen. *„Wir wollen keine Weak Dicks"*, rief er.

Weak Dicks, Schlappschwänze - so taxierte er uns! Ein Ruck ging durch die deutsche Mannschaft. Wir würden den Amis schon zeigen, wie eisenhart wir sein konnten. Die schöne Zeit in Ami-Land war kurz; da mussten wir eben in der Ausbildung ordentlich ranklotzen, um nicht auf Mädels, Tequila Sunrise oder Motorradtouren verzichten zu müssen.

Wir hatten uns den heißesten Jet des Westens ausgesucht, die „Rakete mit einem Mann drin", den *Zipper*, wie die Amis ihn nannten. Die Hundertvier war eine Legende vom Reißbrett weg: einsitzig, einstrahlig, einzigartig. Wilde Geschichten rankten sich um den Wundervogel. Auf den Schul-Jets T-37 und T-38 hatten wir das fliegerische Handwerk vom Trudeln bis zum Formationsflug gelernt. Wir trugen stolz unsere Schwingen; in den Augen der Älteren konnten wir zumindest geradeaus laufen und gleichzeitig Kaugummi kauen. Aber Waffeneinsatz? Die wenigsten von uns hatten schon mal Bordmunition aus der Nähe gesehen, und unsere F-104 G konnte 66 Schuss pro Sekunde aus den rotierenden Läufen ihrer 20-Millimeter-Vulcan-Bordkanone feuern; es gab Raketen und explosive Fracht zum Dranhängen. Schon in einem knappen Jahr sollten wir in die Einsatzgeschwader gehen und vorher das ganze Waffenhandwerk lernen müssen; das würde ein arbeitsreicher Sommer werden.

Das Training begann wie immer mit einer Theorieschulung. Den ersten Rundgang um einen Starfighter machten wir mit dem Fluglehrer Major Mike Vivian, einem Offizier mit ausgesucht höflichen Umgangsformen. Mike fühlte sich als halber Deutscher, hatte als Austauschoffizier Flugerfahrung in Old Germany gesammelt und verstand unsere Sprache.

Es war ein heißer Tag, als wir vor das Staffelgebäude traten. Im Halbschatten stand, blank geputzt und nur für uns, eine F-104 G. Mike umschritt langsam den eleganten Vogel, wir folgten ihm auf den Fersen. Es war ein besonderer Moment, fast wie der Rollout eines brandneuen Flugzeugmusters. Neugierig und ein wenig schüchtern schlichen wir um den Einsitzer, der vielleicht schon am selben Tag geflogen war und nun auf den nächsten Trip wartete. Er war deutlich größer und voluminöser als die T-38, hatte aber weichere Formen und wirkte viel gestreckter. Der lange Rücken mit dem T-Leitwerk und die schlanke Radarnase mit ihrem waffenscheinpflichtigen Staurohr beeindruckten uns. Manches „Ah" und „Oh" riefen die messerscharfen Flügelkanten hervor, denen man zum Schutz vor Verletzungen beim Rundgang rote Schoner mit der weißen Aufschrift *REMOVE BEFORE FLIGHT* verpasst hatte. Ähnliche Anhänger befanden sich auch am Staurohr und weiteren sensiblen

Teilen des Starfighters.

Auf seinem kurzbeinigen Fahrwerk sah unser neues Rennpferd noch etwas unbeholfen aus; mit eingefahrenen Rädern würde es wohl wie eine Rakete wirken. Dass die F-104 schnell war, wusste ich. Wie unglaublich temperamentvoll sie sein konnte, sollte ich schon bald erleben.

Background F-104G

Als ich die F-104 1978 kennenlernte, hatten wir beide 24 Jahre auf dem Buckel – das waren auch schon die einzigen Gemeinsamkeiten. Ich war ein lausiger Anfänger, sie Weltrekordlerin. Zu ihren Spitzenleistungen gehörten 1220,208 Knoten Höchstgeschwindigkeit, ein Steigflug auf 82.020,8 Fuß in vier Minuten und 26,03 Sekunden, 103.395 Fuß Höhe – alle drei Titel gleichzeitig! Das gab es nie wieder! Starfighter waren einmal als Abfangjäger konzipiert worden, doch längst flogen sie auch als Jagdbomber oder Aufklärer mit Spezialkameras.

Der Hersteller Lockheed war seit jeher für außergewöhnliche Produkte bekannt. Von der P-38 Lightning des Zweiten Weltkrieges über die C-130 Hercules, das Aufklärungsflugzeug U-26, das als P3 „Orion" weiterlebende 1950er-Jahre-Verkehrsflugzeug „Electra", den eleganten Verkehrsflieger „TriStar" bis zum Überschallflieger SR-71 gab es kaum ein Lockheed-Produkt, das nicht durch Leistungen und Langlebigkeit von sich reden gemacht hätte.

Der Starfighter hatte seinen Erstflug im Februar 1954 und kam zunächst als Serienversion F-104A mit einer Zweisitzer-Trainer-Variante (F-104B) auf den Markt. Die wichtigsten Folgetypen, auch bei der Deutschen Luftwaffe und der Bundesmarine, waren die F-104G/ TF-104G (zweisitzig) und die RF-104G (Aufklärer mit Kameras). Erwähnenswert waren der japanische Abfangjäger F-104J (ähnlich der F-104A) und die exotische NF-104A für das Astronautentraining, deren Raketenzusatz das Flugzeug auf über 36 Kilometer Höhe zoomte.

Das italienische Modell F-104S („S" stand für *Sparrow*, wie Spatz) war stärker und schneller als alle anderen. Mit Steigraten von über 53.000 Fuß pro Minute ging der Flieger in knapp 90 Sekunden auf 35.000 Fuß. Dort von Mach 0,9 auf 2,2 in drei Minuten – ciao bella! Rund 300 der über 2500 insgesamt gebauten Starfighter flogen kurz für die US-Luftwaffe in den Staaten oder in Vietnam. Einige kämpften im indisch-pakistanischen Konflikt auf pakistanischer Seite. Die F-104G wurde von mehreren europäischen Herstellern in Lizenz gebaut, ermöglicht durch eine für die damalige Zeit beispiellose Industriekooperation mit mehr als 140.000 europäischen Beschäftigten (unter Beteiligung der US-Mutterfirma Lockheed und weiteren Lizenzgebern).

Die Mehrzahl der Flugzeuge ging nach Belgien, Dänemark, Deutschland, Griechenland, Italien, Japan, Kanada, Norwegen, in die Niederlande, die Türkei, nach Spanien und Taiwan.

Die F-104 flog in der Bundesrepublik von 1960 bis 1991. F-104-Geschwader der Luftwaffe waren über die Bundesrepublik verteilt: Jagdflugzeuge bei den Geschwadern JG 71 und 74, Jagdbomber in den JaboG 31 bis 34 und 36, und Aufklärer beim AG 51 und AG 52.

Die Marine verfügte über vier Staffeln in den Marinefliegergeschwadern MFG1 (Jagdbomber) und MFG2 (Jagdbomber und Aufklärer) bei Schleswig und Flensburg. Deutschland testete auch eine Kurzstart- Version mit Raketen.

Die Bundeswehr beschaffte insgesamt 916 Starfighter; 292 gingen durch Unfälle verloren, 116 deutsche Piloten starben. Als Hauptunfallursachen galten technische Probleme, mangelhafte Schleudersitze und überforderte Piloten, die für das anspruchsvolle Flugzeug mit seinen engen aerodynamischen Betriebsgrenzen noch nicht ausreichend trainiert schienen.

Ein dreiwöchiger Flugstopp bei der deutschen Luftwaffe zur Überarbeitung von Trainings- und Einsatzkonzepten (Ende 1966) stoppte die Horrorserie und die Unfallzahlen sanken dramatisch. Das Flugzeug galt fortan als anspruchsvoll, aber beherrschbar, sofern man es mit Respekt behandelte.

Ungeachtet seiner Historie als „Witwenmacher" entwickelte sich der

Starfighter bei seinen Piloten schon lange vor seiner Außerdienststellung zur Legende. Sie schätzten die herausragende Beschleunigung, das stabile Flugverhalten als Waffenplattform und Formationsflieger sowie das robuste J-79-Triebwerk. Das besondere Flair des Flugzeugs sowie die Rolle des Piloten als „Single Seater" und Teil einer verschworenen Gemeinschaft kamen hinzu.

Die meisten Nutzer der internationalen F-104-Gemeinde verabschiedeten sich noch in den 1980er-Jahre vom Starfighter. Letzter militärischer Betreiber war bis 2004 die italienische Luftwaffe; sie konnte bei der feierlichen Außerdienststellung auf fast 40 Jahre F-104-Flugbetrieb zurückblicken. Eine nette Anekdote: Die Italiener hatten seit den 1990er-Jahren überzählige F-104G-Tragflächen aus der Kreislaufreserve der deutschen Luftwaffe erhalten, die nun auf die S-Version mit zwei Unterflügelstationen pro Tragfläche umgerüstet wurden, bei den Elbe-Flugzeugwerken am Dresdner Flughafen.

„Das war für meine ehemaligen Manchinger Mitarbeiter, die dieses Vorhaben betreuten, eine interessante Erfahrung", erinnert sich Dieter Rode, ehemals Leiter der (T)F-104G-Endmontage bei Messerschmitt, *„mit einem bis dahin Volkseigenen Betrieb, der auf die Betreuung russischer Flugzeuge spezialisiert war, die Umrüstung dieser Tragflügel zu organisieren – nach US-Zeichnungen, mit US-Standards und in amerikanischer (Fach-)Sprache, mit fremdem Werkzeug und Material."* Als hierzulande Anfang der 1980er-Jahre die schrittweise Ablösung der F-104 begann und mit dem Tornado ein grundlegender Wandel zur Digitaltechnik und zum Zweimanncockpit eingeläutet wurde, sahen das die meisten 104-Driver mit Wehmut.

Ganz verschwunden ist der typische Sound des J-79-Triebwerks noch nicht. In den USA – wie könnte es auch anders sein – gibt es mehrere flugfähige F-104. Einige gehören zum zivilen Demoteam „Starfighters" in Florida.[7]

---

[7]   Mehr unter: www.starfighters.com

Wie der Starfighter nach Deutschland kam

Dieter Rode über ein deutsches Beschaffungsprojekt

„In der ersten Aufbauphase nach dem Zweiten Weltkrieg erhielt die deutsche Luftwaffe Überschussmaterial von den Verbündeten. Die USA lieferten im Rahmen des Mutual Defence Assistance Program (MDAP) Ausbildungsflugzeuge vom Typ T-6 und T-33 sowie als erstes Einsatzmuster in der Jagdbomberrolle ab 1956 450 F-84F Thunderstreak und für die Aufklärungsrolle 108 RF-84 Thunderflash. Vor dem Hintergrund der Eskalation des Kalten Krieges, der Fortentwicklung der militärischen Luftfahrt und der zukünftigen Rolle Deutschlands in der NATO erfolgte unter der Führung des damaligen Inspekteurs der Luftwaffe, General Kammhuber, das Auswahlverfahren für einen Nachfolger.

Die Anforderungen waren umfangreich. Das neue Flugzeug sollte als Jagdbomberrolle mit nuklearer „Strike-Fähigkeit" und in der Luftnahkampfrolle fliegen können und zur Luftverteidigung eingesetzt werden, zum Beispiel als taktisches Aufklärungsflugzeug – all das unter Allwetterbedingungen. Natürlich sollte der Jet auch wartungs- und instandhaltungsfreundlich sein, um Betriebskosten zu sparen.

Nur die F-104A hatte – im Vergleich zu den ebenfalls im Rennen liegenden Flugzeugmustern Grumman F11F-1F Tiger und Dassault Mirage IIIA – das technologische und operationelle Potenzial für die Nachfolge der F-84F. Von vornherein schien klar: Nur weitere Modifikationen (Zelle, Ausrüstung, Avionik, Waffenleitsystem und Antrieb) würden die geforderten Rollen ermöglichen. Diese Umbauten führten letztlich zum Modell F-104G für die deutsche Luftwaffe.

Es war offenkundig, dass nur die US-Industrie derartige Technologien liefern konnte. Außerdem lag es im Interesse der USA, dass die deutsche Luftwaffe möglichst bald einen erheblichen Anteil des Abschreckungspotenzials einschließlich der nuklearen Teilhabe übernahm.

Deutschland entschied sich für den Starfighter und beschloss, die eigene Industrie über US-Lizenzen, technische Unterlagen, Daten und Technologien voll in die Produktion einzubinden. Die USA kamen dieser Forderung nach."

Dieter Rode, Diplomingenieur für Maschinenbau/Flugzeugbau
Rode war 43 Jahre lang bei der Messerschmitt AG und deren Folgegesellschaften bis hin zur EADS beschäftigt. Er leitete die Endmontage der TF/F-104G in Manching, arbeitete als Technischer Berater für die Luftwaffe, als Programmleiter Manching für die F-104, die F-4 und den Tornado und war stellvertretender Produktionsdirektor bei der Panavia Aircraft GmbH. In seinen letzten 25 Berufsjahren arbeitete Rode im Vertrieb für Betreuungs- und Neuflugzeuge (Tornado und Eurofighter Typhoon). Rode hat mehr als 800 Flugstunden in seinem Flugbuch und bezeichnet sich selbst als „Überzeugungstäter".

F-104 beim schnellen Überflug

F-104G beim Übungsflug über Friesland. Der Starfighter folgte jeder Bewegung am Steuerknüppel, als könnte er die Gedanken des Piloten erraten – mit unglaublichen Rollraten und traumhafter Steigleistung.

Moderne Technik

Die F-104G bot ein Bündel radikaler Neuerungen. Da waren die trapezförmigen, hauchdünnen Tragflächen mit ihrem beeindruckend geringen Profilquerschnitt und den messerscharfen Vorderkanten. Die Flügelfläche erzeugte lediglich etwa 50 Prozent des erforderlichen Auftriebs; der Rest kam vom Rumpf aus hochfesten Aluminiumlegierungen (die Röhre des Rumpfhinterteils bestand aus rostfreiem Stahl).

Alle wesentlichen Rechner, das Kommunikations- und Navigationssystem steckten im *E&E-Compartment*, einem eigenen druckbelüfteten und klimatisierten Raum mit einer einzigen Zugangsklappe, die leicht mit einer Münze geöffnet werden konnte. Es gab Selbstprüfeinrichtungen für die wichtigsten Rechner. Das Navigationssystem Litton LN3 war seiner Zeit weit voraus. Wenn ein Triebwerkswechsel anstand, musste nicht viel vorbereitet werden.

Norbert Gunkel, seinerzeit Flugzeugwart in der 2. Wartungsstaffel des Marinefliegergeschwaders 1, erinnert sich an die vier Befestigungsbolzen, Hydraulik-Schnelltrennkupplungen und elektrischen Stecker zum Triebwerkswechsel: *„Die F-104 konnte schnell demontiert werden. Ein kompletter Triebwerkswechsel mit Standlauf dauerte etwa einen Tag."* Der Motor ruhte auf zwei Schublagern und einem Hängelager – ruckzuck war er raus und der nächste wieder eingebaut.

„Uhrenladen" im Starfighter-Cockpit: vor dem Knüppel sitzt das Radar-Display

Ritt auf dem Strahl

Wenige Tage nach der Begrüßung auf Luke Air Force Base begann die Einweisung im F-104-Simulator. Ich war Captain Pat „Fireball" Shannon zugeteilt worden. Die Amis trugen des Öfteren Spitznamen, die auf Macken, charakterliche Eigenarten oder körperliche Eigenschaften hinwiesen. „Fireball" war kurz geraten; manche behaupteten, er könnte die F-104 stehend fliegen. Fest stand: Pat kannte die Hundertvier wie seine Westentasche. Ich hatte einen tollen Instructor abgekriegt und fand ihn riesengroß.

Am Tag des ersten Fluges packte ich Helm, Weste, Anti-g-Anzug und Flugunterlagen und trat mit Pat vor das klimatisierte Staffelgebäude. Die Sonne stand hoch am Himmel, doch zum Glück war die Märzhitze noch erträglich. Wir gingen an einer Reihe blank gewienerter Starfighter entlang zu unserer TF-104G mit dem Kennzeichen 63-84657. Ein Lockheed-Wart half mir beim Anschnallen. Mein neuer Arbeitsplatz war eng und voller Schalter, Hebel, Gurte und Sicherungsstifte. Ich warf einen kurzen Blick auf die Instrumente und Waffenschalter, die Navigationsanlage, das geheimnisvolle Arsenal von Sicherungen, die Sprengvorrichtungen für das Kabinendach und die „heißen" Teile des raketengetriebenen Schleudersitzes; hier musste man sich erst einmal einleben.

Wenn man beim Starfighter überhaupt von Ergonomie im Cockpit sprechen konnte, war damit nicht der Platz gemeint. Man saß leicht nach vorn gebeugt. Der Grund war der Einbauwinkel des Martin-Baker-Schleudersitzes GQ-7A, der ein deutlich leistungsfähigerer Sessel als sein Vorgänger Lockheed C-2 war. Mit ihm konnte man sich notfalls sogar am Boden raus schießen, in der begründeten Hoffnung, kurz darauf wieder am Fallschirm zu baumeln.

„Don't wait for the undertaker, just ignite the Martin-Baker!"

hatte man uns eingebläut - warte nicht auf den Bestattungsunternehmer, zünde einfach den Schleudersitz. Der legendäre Feuerstuhl aus Großbritannien hatte schon vielen Piloten das Leben gerettet. Ich schwor mir, in einer brenzligen Situation rechtzeitig den Auslösegriff zu ziehen und per *Nylon-Approach* (einem Anflug mit Fallschirm) zur Erde zurückzukehren. Niemals wollte ich schwarz umrandet in der BILD-Zeitung stehen.

Pat ging mit mir die Startvorbereitungen durch. Die F-104 hatte kein eigenes Hilfsaggregat; Pressluft vom Startwagen musste das Triebwerk drehen, bis es selbstständig lief. Das Anlassen war per Handzeichen geregelt: Ein Wart schaltete auf Kommando des Piloten die Pressluftmaschine ein, und der gelbe Anlassschlauch unter dem Flugzeug blähte sich auf. Alle Jettriebwerke brauchen erst einmal Anlauf, um „anzuspringen". Bei einer bestimmten Drehzahl wird Kraftstoff eingespritzt und die Brennkammerzündung gestartet; langsam läuft die Turbine aus eigener Kraft hoch.

Ich hob die Hand, und das Hilfsaggregat am Boden begann zu arbeiten. Nun legte ich einen der beiden Zündschalter auf „Start" und bewegte bei 10 Prozent Drehzahl den Schubhebel in die IDLE-Stellung für den Leerlauf. Die Finger meiner rechten Hand signalisierten dem Wart Zehnertouren Drehzahl. 20 Prozent, 30 Prozent, 40 Prozent... ich ließ die Hand mit den vier Fingern sinken, denn die Turbine lief. Der Wart schaltete das Bodenaggregat ab und der Luftschlauch erschlaffte. Ich blickte auf die Triebwerksinstrumente, die jetzt im Leerlauf laut Checkliste folgendes anzeigen sollten:

Drehzahl: 67 +/- 1 % RPM

Abgastemperatur (EGT): 320–420 °C, maximal 500 °C

Ölstand: mindestens 12 Quarts

Schubdüsenstellung: 8,5–9,5

Kraftstoffdurchfluss: 900–1600 Pfund/Std.

Hydraulikdruck: 3000 +/- 200 PSI.

Maßeinheiten wie *Pounds per Hour (lbs/h)*, *Quarts* und *PSI*[8] kannten wir schon aus Texas; metrische Werte sind in den USA unüblich. Jeder von uns konnte sein Körpergewicht in *Pounds* und *Stone*

---

[8]   Pounds per hour = Kraftstoffdurchfluss in Pfund pro Stunde; 1 Quart = 0,95 Liter; PSI = Pounds per square inch

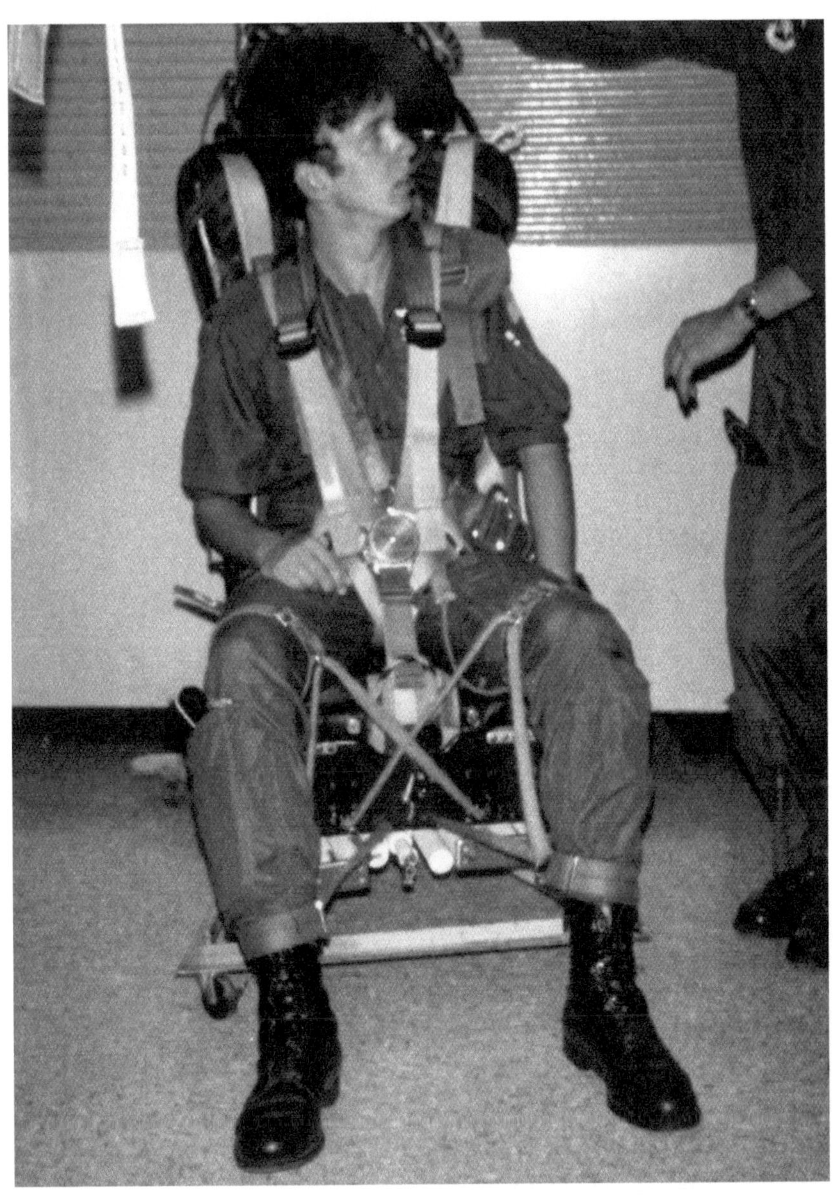

Der Autor im Frühjahr 1978 beim Anschnalltraining auf dem Martin-Baker-Schleudersitz. Die Beine tragen Schlaufen für die „Rückholung", damit beim Ausschuss kein Körperteil am Kabinendach hängen bleibt.

angeben, die Größe in *Feet* und *Inches*, den Hubraum des Motorrads in *CC* und eine beliebige Biermenge in *Mugs* und *Pitchers*. Triebwerksdaten musste man beherrschen, schon weil man später allein und ganz ohne Borddokumentation unterwegs war. Für schwere Fälle lag der kleine blaue Checklisten-Ringordner stets griffbereit rechts unter dem Cockpitfenster; das Ding kam nur bei technischen Pannen zum Einsatz.

Heute verständigen sich Flugzeugwart und Pilot per Interphonekabel; bei der F-104 lief alles per Handzeichen. Mit dem Sieben-Finger- Check überprüfte man nach dem Anlassen wichtige Systeme wie die Luftbremsen *(Speed Brakes)*, die Ruder, Trimmung, den Aufbäumregler APC (ein automatisches *Auto-Pitch-Control*-Rettungssystem, das den Steuerknüppel bei unbeabsichtigtem Langsamflug per *Shaker* und *Kicker* rüttelte und nach vorn schlug), Landeklappen und *BLC (Boundary Layer Control)*, bei der Zapfluft vom Triebwerk über die Hinterkante der Landeklappen geblasen wird, um das Abreißen der Strömung zu verzögern.

Nach dem Okay-Zeichen vom Wart holten wir die *Taxi Clearance*[9] [10] zur Startbahn. Endlich begann auch die Klimaanlage zu arbeiten, und von rechts strömte eiskalte Luft ins Cockpit. Pat und ich unterhielten uns über die Gegensprechanlage. Mein Helm und die Sauerstoffmaske saßen bequem, nur die Beinrückholgurte am Schleudersitz waren noch etwas ungewohnt.

Auf dem Weg zur Runway war noch ein Zwischencheck mit der Eselsbrücke **TWISSCOREDSA** fällig.

Tanks – feeding: Fließt Sprit aus den Tanks zum Triebwerk?

Wing flaps – TAKEOFF: Sind die Landeklappen in der richtigen Position?

Inertia reel – locked: Sind die Sitzgurte verriegelt?

Seat combined harness and leg straps for tightness – check: Sitzen die Gurte und Beingurte fest?

---

[9]   Taxi Clearance = Rollfreigabe

Speed Brakes IN – check: Ist die Luftbremse eingefahren?

Canopy – LOCKED, lights out: Ist das Kabinendach geschlossen und verriegelt, sind die Warnlichter aus?

Oxygen – as required: Ist die persönliche Sauerstoffanlage richtig eingestellt und funktioniert?

Radios, IFF, TACAN and radar: Sind die Funk- und Navigationsgeräte sowie das Radar betriebsbereit?

Ejection seat pin of upper firing handle-out: Ist der Sicherungsstift des oberen Schleudersitzgriffs draußen? **Swivel guard of lower firing handle – down:** Ist die Drehsicherung des unteren Griffs unten?

Defogger – check, as required: Ist die Frontscheibenbelüftung nach Situation eingeschaltet?

Stabilizer takeoff trim light – check: Ist die Höhenrudertrimmung für den Start eingestellt (Lichtkontrolle)?

Anti collision lights – on: Ist die Zusammenstoßwarnleuchte eingeschaltet?

Während Pat und ich auf den Start warteten, landeten einige F-15 der ebenfalls in Luke beheimateten 555 *„Triple Nickel"* Squadron. Sie schwebten deutlich langsamer an als der ungestüme Starfighter und reckten nach dem Aufsetzen eine Weile stolz die Nase in den Himmel – das nannte sich *Aerobraking,* aerodynamisches Bremsen.

„Line up!" Der Tower ließ uns auf die Startbahn rollen. Jetzt verlangte die Bedienungsanleitung der F-104G nach dem *Run Up Check,* einem Triebwerks-Probelauf. *Slam throttle to MIL,* so begann der Check. *Schiebe den Schubhebel ruckartig an die Vorderkante des Normalbereichs ,Military'. Warte maximal 10 Sekunden und checke 100 Prozent Drehzahl. Ziehe die Power zurück auf 80 Prozent, dann in den Leerlauf.*

Das Starfighter-Triebwerk besaß die Schubbereiche *Military* und *Afterburner* (Nachbrenner), die am Schubhebel durch eine Kulisse voneinander getrennt waren. Schob man den Hebel nach vorn, war man im Military-Bereich. Volle Nachbrennerpower bekam man, indem man den Hebel nach links und dann ganz nach vorn schob. Takeoffs mit Schubreduzierung wie bei Zivilflugzeugen ist bei

Kampfjets nicht üblich; man nimmt, soviel man kriegen kann. Der *80-Prozent-Check* sollte sicherstellen, dass kein *Compressor Stall* (Strömungsabriss im Verdichter) auftrat.

„Cleared for Takeoff"! Endlich ging es los. Um 10.45 Uhr löste ich die Bremsen, schob den massigen Schubhebel ganz in die linke Außenstellung und blickte auf die Instrumente; die Zeiger saßen im richtigen Bereich. Ein Ruck ging durch unsere TF-104, und eine Riesenfaust schob uns wie Spielzeug über die Startbahn. Kein Wunder: Der Nachbrenner jubelte den Schub nochmal um die Hälfte auf über 15.000 Pfund hoch.

Bei 120 Knoten nahm ich den rechten Mittelfinger vom Knopf der Bugradsteuerung am Knüppel. Während wir schneller und schneller wurden, blickte ich auf den Geschwindigkeitsmesser: Die Nadel eilte auf die 170 Knoten zu. Ich zog am Knüppel, und bei etwa 200 Knoten hob der Flieger ab – ein wenig schwerfälliger, als ich es von der T-38 in der Erinnerung hatte. Jetzt musste ich schnell das Fahrwerk einfahren, um dessen Limit von 260 Knoten nicht zu überschreiten. Nur eine gefühlte Sekunde später, bei 300 Knoten, waren die Landeklappen dran.

Schon hatten wir den Nachbrenner abgeschaltet und flogen in einem Bereich, den erfahrene F-104-Piloten als komfortable Geschwindigkeitsuntergrenze bezeichneten. Der Starfighter war ein Geschoss mit Stummelflügeln, das sich erst bei höheren Geschwindigkeiten wohlfühlte. Die normale Steiggeschwindigkeit lag bei 400 Knoten; dabei waren laut Handbuch ohne Nachbrenner bis zu 10.000 Fuß pro Minute Steigen drin. Wer mehr wollte, gönnte sich *Max Climb* - Nachbrenner, 450 Knoten und 38 Grad Steigwinkel auf dem künstlichen Horizont. Das sollte ohne Außentanks und bei nicht zu hohen Außentemperaturen für 35.000 Fuß pro Minute Steigrate ausreichen – etwa das 20-fache dessen, was ein vollgepackter Airliner nach dem Start bringt.

Wir hatten die Abflugroute *Flatiron-Gladden-5 Departure* bekommen, die uns unter Radarführung in unser Übungsgebiet Gladden X westlich von Phoenix führte. Nachdem sich meine erste Anspannung gelegt hatte, konnte ich das „Handling" des Jets etwas näher testen. Die TF lag gut in der Hand, ließ sich bereitwillig per Daumenschalter auf dem Steuerknüppel trimmen und zeigte, sobald man die Gase hereinschob, eine beeindruckende Beschleunigung.

Pat demonstrierte einige Manöver, die ich nachflog. Dann ging es zurück zur ersten Landung. Fireball hatte im Briefing ausführlich auf ein paar starfightertypische Eigenarten hingewiesen. Die Quintessenz: Eine F-104 brauchte Anlauf zum Start und genug Platz für die Landung. Kurze Pisten waren nichts für einen aerodynamisch ausgereizten Vogel mit den winzigen Flügeln, der im Landeanflug dicht an seinen Limits war.

Neben der richtigen Anfluggeschwindigkeit (wie erwähnt: 175 Knoten mit voll ausgefahrenen, 195 Knoten mit halb ausgefahrenen Landeklappen, plus Zuschläge für den Restkraftstoff) war vor allem ein korrekter „Gleitpfad" zu beachten.

Wir gingen in die Platzrunde und machten einen *Straight- In-Approach*, setzten also aus einem geraden Endanflug zur Landung an. Die berechnete Landegeschwindigkeit mit *Takeoff-Flaps*, den Landeklappen in Mittelstellung, lag bei 200 Knoten, rund 60 Sachen mehr als im Airliner. Ich setzte die Hundertvier weicher auf als ich zu hoffen gewagt hatte. Sofort gab Pat wieder Gas, denn dies war ein *Touch & Go* und wir wollten noch eine zweite und dritte Runde machen. Beim vierten Anflug fuhren wir die Landeklappen ganz aus und kündigten dem Tower eine *Full Stop Landing* an. Jetzt lag die Anfluggeschwindigkeit bei 180 Knoten; nach dem Aufsetzen durfte ich nicht vergessen, den Bremsschirm mit dem grauen *Drag Chute*-Griff an der linken Cockpitseite zu ziehen. 11.57 Uhr – *Touchdown!* Mein erster Flug war vorüber.

Wir kletterten die Leitern herunter und füllten das Bordbuch aus; es hieß in der ganzen Air Force nur *Form 781*. Ein Line-Taxi brachte uns zum technischen Debriefing[10] ins Lockheed-Gebäude. Dort empfing uns eine elegante Dame vom Lockheed Contract Management vor ihrem mächtigen Schreibtisch. Über ihr hing ein großes, gerahmtes Ölbild; das Werk zeigte eine Ritterfaust, die triumphierend männliche Körperteile in die Höhe hielt. Darunter stand in

---

altertümlicher Schrift:

To Err is Human – to Forgive is not TAC Policy

Frei übersetzt hieß das: Irren ist menschlich, Vergebung bei TAC nicht üblich. TAC *(Tactical Air Command)* war unsere vorgesetzte US-Dienststelle, und Irrtümer konnten alle Ereignisse sein, die dem Flugzeug schadeten – zu viele g-Kräfte, harte Landungen, Fehlbedienung jeder Art; man konnte darauf wetten, dass die Technik alles herausfand. Besonders unbeliebt machte sich, wer kurz vor dem Start einen Kugelschreiber oder ein anderes Kleinteil im Cockpit verlor. Sofort wurde der Flug gestrichen, und ein Techniker musste das gesamte Cockpit nach dem *Foreign Object* (Fremdkörper, FOD) absuchen. Schon kleinste Schrauben oder Federn konnten sich beim Kunstflug an der Schubregelung oder sonst wo verfangen und einen Unfall verursachen. Jedes FOD kostete zwei, drei Sixpacks dünnen amerikanischen Bieres.

Wir hatten keine Write-Ups, und unser Flieger war heil geblieben. So ging es weiter zum Staffelgebäude, wo wir Helm und Sauerstoffmaske, Rettungsweste und Anti-g-Hose ablegten und zur Flugnachbesprechung in die H-Flight zurückkehrten. An diesem Abend begoss ich meinen ersten Flug im Staffelgebäude. Passenderweise fand anlässlich des Besuchs auswärtiger Offiziere gerade ein *Beer Call* statt; zu einem derartigen Event konnte man ausnahmsweise auch in durchgeschwitzter Fliegerkluft aufkreuzen.

Ich war noch voller Adrenalin. Als ich an der weißroten Bierdose nippte, bekam ich Wortfetzen eines Gesprächs zwischen einem Piloten und einem der Gäste mit; es ging um die weitere Karriere nach der Pilotenausbildung. *„Fliegen ist nicht alles"*, meinte der Fremde, offenbar ein Personalreferent aus dem Ministerium. Ich schüttelte den Kopf. Wusste dieser arme Wicht, wo er war? Ein Schreibtischjob war für die meisten hier unvorstellbar. Ich konnte mir nichts Schöneres vorstellen, als Leuten wie ihm im Nachbrenner übers Bürodach zu fegen.

Check und Alleinflug

Am nächsten Tag ging ich in den Simulator und war schon nachmittags wieder für Kunstflug und Platzrunden eingeteilt. Ich lernte, dass man einen Loop mit Nachbrenner bei 400 Knoten oder ohne Nachbrenner bei 450 Knoten begann und dafür 10.000 Fuß Durchmesser einkalkulieren musste. Einen halben Loop abwärts aus dem Geradeausflug *(Split S)* durfte man nicht unter 20.000 Fuß anfangen, um nicht unter die Untergrenze des Übungs-Luftraums zu rauschen. Die riesigen Dimensionen der Manöver waren ungewohnt.

Bald kam der Morgen des ersten Checkfluges; es war einer dieser Tage, an dem man mit dem linken Fuß aufsteht und von Fettnapf zu Fettnapf stolpert.

Ich stieg mit Lieutenant Colonel Jim Nelson in die TF. Nach dem Start versuchte ich vergeblich, den Kanal für das Buckeye-Funkfeuer ins TACAN zu drehen, war abgelenkt und hatte Mühe, mich auf die Navigation zu konzentrieren. Das Kunstflugprogramm lief wie unter Drogen. Nach einer verpatzten *Lazy Eight* (einer Flugfigur in Form einer liegenden Acht) streifte ich die Kante des benachbarten Y-Übungsgebiets und nagelte auf dem Heimweg auch noch durch das X-Gebiet. Es war zum aus der Haut fahren! Nicht einmal die erste Landung verlief so, wie ich gehofft hatte.

Nach dem Flug tappte ich mit mulmigem Gefühl zum Staffelgebäude zurück, Schlimmes befürchtend. Sicher war ich durchgefallen, bestenfalls konnte es mit Ach und Krach eine ausreichende Leistung gewesen sein.

Jim Nelson tat einen tiefen Atemzug. *„Es war nicht einer der besten Flüge, die ich je gesehen habe"*, seufzte er. *„Aber es war safe."* Mir fiel ein Stein vom Herzen.

Am nächsten Tag stand ich schon um 5 Uhr auf. Zum Morgenkaffee gesellte sich Adrenalin, denn heute stand der erste Alleinflug mit der F-104 G auf dem Plan. Noch nie hatte ich einen einsitzigen Jet bewegt. Pat Shannon hob den Daumen, als ich gut zwei Stunden später zur Maschine mit dem Kennzeichen 750 lief. *„All yours"*, grinste der Mechaniker. Er wusste, dass hier ein Neuling seinem ersten Solotrip entgegenfieberte. Beim Rundgang ums Flugzeug guckte ich noch genauer hin als sonst und prüfte zum Schluss so eingehend mit dem Kugelschreiber das *Witness Hole*, ein kleines Loch unterm Heck, als ob der Bremsfallschirm zum ersten Mal und nur für mich hier eingebaut war. Fanghaken, Fahrwerk, Staurohr, alles sah okay aus. Ich kletterte ins Cockpit.

F-104-Piloten gurten sich nicht an, sie schnallen sich die Maschine unter. Rückholgurte sollen die Beine beim Ausschuss an den Schleudersitz fesseln. *„Damit sie nicht am Kabinendach hängenbleiben"*, hatte uns Mike beim Rundgang fröhlich erklärt. Ein Anti-g-Anzug drückt den Unterkörper bei Beschleunigung mit Luftdruck zusammen. Man ist spinnenförmig auf dem Sitz festgeknotet wie der Riese Gulliver; eine Extraleine hängt an der Sitzwanne, die mit Rettungsmitteln und einer Notration vollgepackt ist. Beim Festzurren des letzten Gurts dachte ich an die Lufthansa-Flugschüler am benachbarten Goodyear Airport, die gerade im T-Shirt in ihre kleinen Bonanza-Propellermaschinen kletterten und an gottverlassenen Übungsplätzen endlose Instrumentenanflüge mit 30 Grad Schräglage machten, während wir in Formation nahe der Schallgeschwindigkeit über die Gila-Bend-Wüste hinwegrasten. Ich konnte nicht ahnen, dass ich nur 12 Jahre später selbst mit Schlips und Kragen in einem Airline-Cockpit sitzen würde – ein verdammter „Busfahrer" wie sie.

Meine Vorflugchecks waren beendet, und um 8.19 Uhr gab ich der 750 die Sporen. Ich flog zum Lake Havasu, über den Grand Canyon nach Prescott und dann wieder zurück nach Luke. Ein großartiges Gefühl, mit der einsitzigen F-104G unterwegs zu sein! Kein Lehrer, völlige Stille im Cockpit, nur ab und zu die Stimme eines Fluglotsen im Kopfhörer. Knapp eineinhalb Stunden nach dem Start war ich wieder unten und grinste von einem Ohr zum anderen.

Seit Beginn meiner Ausbildung hatte ich nicht die kleinste technische Panne erlebt und ein ungeheures Vertrauen in Flugzeug und Wartung entwickelt. *Wenn ich nur gut auf mich aufpasse, wird schon nichts passieren,* dachte ich mir. Und falls doch? *„Get out of there!",* sagten die Lehrer immer wieder – wenn es brenzlig wird, verschwinde. Damit konnte eine Formation gemeint sein, aber auch ein kaputter Flieger, aus dem man sich per Schleudersitz verabschiedete - ganz egal, es musste einfach nur rechtzeitig passieren.

Ein paar Wochen später ging ich wieder übers Vorfeld, um einen Alleinflug zu machen. Es war brütend heiß, und nicht weit von mir winkte Woody aus seiner startbereiten TF herüber. Ich winkte zurück, flog meinen Trip und landete. Kaum war ich die Leiter hinabgeklettert, als dicht neben mir ein Rettungshubschrauber aufsetzte. Die Seitentür ging auf, und ich erkannte zwei Gestalten, die blass und grinsend auf ihren Pritschen lagen. Es waren Woody und seinen Fluglehrer Jim! *„Wo kommt ihr denn her?"*, fragte ich ihn erschrocken. *„Wir sind gerade ausgestiegen"*, keuchte Woody. *„Mein Gashebel steckte fest."* Seine heisere Stimme klang wie die des Sargtischlers Muff Potter aus der Verfilmung von *Tom Sawyer und Huckleberry Finn.*

Wie sich später herausstellte, war die *Throttle Linkage* (das Schubhebelgestänge) gebrochen, worauf die TF-104 einen *Flameout*[11] bekam. Woody und sein Fluglehrer hatten den eben noch völlig intakten, jetzt kraftlosen Starfighter über der Gila-Bend-Wüste in den Steigflug gebracht. Dann hatten sie sich, fein nach Vorschrift mit Checkliste und Funkspruch, zum Ausschuss klargemacht und die Griffe ihrer Schleudersitze gezogen. Nun lagen sie hier auf Pritschen im Chopper, während die Reste ihrer TF-104 irgendwo in der Wüste vor sich hin kokelten.

Solche Dinge konnten passieren, das musste ich mir eingestehen. Im Laufe meiner Karriere traf ich noch andere, die ihren Flieger per Nylon Letdown verlassen hatten. Auch wenn man damit in der Martin-Baker-Ruhmeshalle landete, war ich nicht scharf darauf, es ihnen gleichzutun. Etwas Glück gehörte offenbar zum Fliegerleben - *Fortüne*, wie man zu Richthofens Zeiten zu sagen pflegte.

---

11   Flameout = Flammabriss beim Verbrennungsprozess in der Turbinenbrennkammer

Das F-104G-Trainingsprogramm

Die gut sechsmonatige Ausbildung sah so aus:

- Ein Einweisungsflug mit Fluglehrer; fünf Kunstflugeinsätze mit anschließenden Platzrunden zum Landetraining; Checkflug; Alleinflug

- Drei Instrumentenflugmissions; Instrument Check

- Einweisung in den Formationsflug; sechs Flüge in Zweier- und Viererformation

- Fünf NWD-Missions, Einführung in die *Nuclear Weapons Delivery* (Nuklearwaffeneinsatz)

- Drei Navigationsflüge, sieben Radarnavigationsflüge

- CPM-Mission (*Combat Profile Mission*), Einsatz unter simulierten Kampfbedingungen

- Mach-2-Run (Flug mit zweifacher Schallgeschwindigkeit)

- Sechs BFM-Missions (*Basic Fighter Maneuvers*), Jagdfluggrundmanöver; sieben ACM-Missions (*Air Combat Maneuvering*), Einweisung in Luftkampf; vier ACT-Flüge (*Air Combat Tactics*)

- Drei Überlandflüge (*Navigation Cross-Country*)

- Fünf Dart-Missions (Schießen auf einen geschleppten Holzpfeil)

- Mindestens 24 GA-Flüge (*Ground Attack*), Bodenangriff

- Nachtflüge

- Taktische Bodenangriffe auf der Gila-Bend-Range nahe der mexikanischen Grenze.

Waffentraining

Eines hatten wir inzwischen kapiert: Kampfflugzeuge können viele Rollen einnehmen. Für Flugschüler sind sie Ferraris der Lüfte; Politiker sehen sie als Mittel der Abschreckung. Für Militärs sind Flugzeuge schlicht und einfach Waffen, wie Panzer oder Fregatten.

In jedem Kampfszenario gibt es meist nur den einen kurzen Moment, ein winziges Zeitfenster, in dem man dem Gegner das Fell über die Ohren ziehen kann. Daher muss im Kampfgeschehen alles genau passen und der Flieger exakt an einem Punkt im Raum sein; das gilt auch für Bodenangriffe. Ein Druck auf den Auslöseknopf – *Bäng!* Die Brücke, das Depot oder der Hangar der *Bad Guys* sind pulverisiert – sofern man alles richtig gemacht hat. Das und nichts Anderes ist der Job; banale Handlungen wie Start und Landung werden nicht weiter erwähnt.

Das Weapons Training nahm einen breiten Raum unserer Arizona-Ausbildung ein. Schnell stellte sich heraus, wer als Mister Richthofen auf die Welt gekommen war und wer nicht. Gemessen an einem Flug auf die *Range*, den Schießplatz, waren normale Platzrunden ein Kinderspiel. Man musste dicht hinter den anderen Starfightern herfliegen, aus einer scharfen Kurve aufs Ziel einrollen und für zwei, drei Sekunden den roten *Pipper*-Zielpunkt des Visiers auf den vorausberechneten Punkt halten. Dabei spielte auch der Wind eine große Rolle, denn die F-104 besaß nur ein klassisches Reflexvisier ohne Driftberechnung; es „wusste" nicht, dass die Übungswaffe nach der Auslösung nach rechts oder links weg gepustet werden konnte.

Es genügte nicht, genau zu zielen und die Drift zu berücksichtigen. Man durfte im falschen Moment auch nicht extra g-Belastung auf das Flugzeug bringen, um dessen Flugbahn im letzten Moment hin zu schummeln, sonst flog die Waffe durch diesen zusätzlichen „Schubser" wer weiß wo hin. Wir Neulinge hätten uns unter den Helmen am liebsten die Haare gerauft, so wild purzelten die ersten Übungsbomben durch die Gegend. *Unscorable at six* (nicht zu bewerten in der Sechs-Uhr-Position) war ein häufiger „Score" und in unserer Klasse schon ein geflügeltes Wort. Auch sonst schienen

Treffer vielfach Glückssache. Mal donnerte der Flieger haarscharf am Übungsziel in der Wüste vorbei, mal zeigte der 16-Millimeter-Schießfilm keine auswertbaren Ergebnisse. Beim simulierten Luftkampf zwischen zwei Starfightern musste auch jeder kräftig Federn lassen. Unsere Anfängerhirne bekamen das 3-D-Gemenge von Fahrüberschuss, Beschleunigung und Fluglage nur langsam in den Griff. Wenn ich mal wieder wie ein Neandertaler geflogen war, lief ich nach der Rangemission mit hängenden Schultern in die Staffel zurück. Die Scoretafel in der Staffel war voll mit roten Markierungen. Manchem war das alles zu mühselig; er warf das Handtuch und ging zu den Transportfliegern.

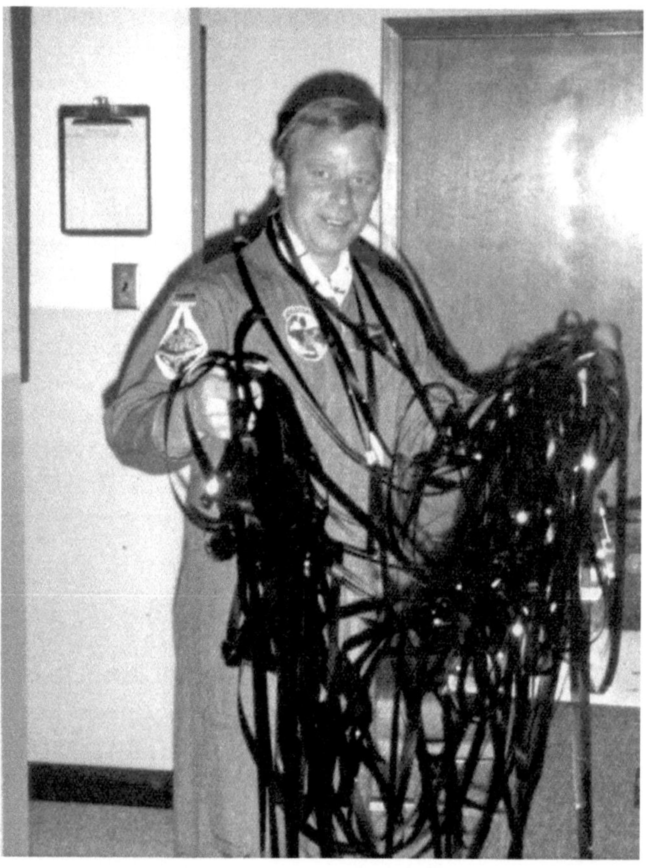

Leutnant Rudi Schnau bei der Schießfilm- „Auswertung"

Unter der Haube

Einige Flüge fanden im hinteren Cockpit unter der *Hood* statt, einer dunklen Jalousie, die die Sicht nach draußen verhinderte. Solche Trips dienten der Instrumentenschulung und besonderen Übungen, bei denen man Radarnavigation trainierte; Schummeln war kaum möglich. Radarbilder sind bekanntlich Echos, die von Wassertropfen, Bergen, Städten, anderen Flugzeugen und sonstigen Objekten stammen. Diese Objekte, per Radarstrahl wie mit einer Lampe angeleuchtet, werfen einen „Radarschatten". Das einfarbige Radarbild der F-104G war im *Map-Mode* (Kartenmodus) gut zur Navigation zu gebrauchen, vorausgesetzt, man hatte sich eingehend mit der Route und den „schattenwerfenden" Objekten vertraut gemacht.

Unsere Aufgabe war es, Radarbildvorhersagen, *Radar Predictions* oder *Shadows* eines passenden Objekts entlang der Flugstrecke mit Bleistift auf ein Stück Papier zu zeichnen und an der richtigen Stelle auf die Navigationskarte zu kleben. Im Idealfall entsprachen die Vorhersagen der Wirklichkeit; näherte man sich mit 450 Knoten Reisegeschwindigkeit einem bestimmten Bodenobjekt, sah man auf dem Radarschirm wirklich alles, was man am Vortag als „Echo" und „Schatten" auf sein Papier gemalt hatte.

Die Idee war simpel, die Ausführung nicht. Der Erfolg hing von einer gewissen Vorstellungskraft des „Künstlers" ab, aber auch von den Gegebenheiten während des Flugs. War das Radar nicht richtig eingestellt (der Neigungswinkel der Antenne stimmte nicht oder der *Gain*-Knopf[12] war verdreht), konnte das Radar den Piloten täuschen. Er wartete auf Echos, die niemals kamen und flog am erwarteten Punkt vorbei. In solchen Situationen war es schlauer, nicht weiter zu warten, sondern nach der Stoppuhr stur den nächsten Kurs einzunehmen. Auf diese Weise wich das Flugzeug nicht allzu weit von der Route ab und konnte sich später wieder in die Formation „einfädeln".

---

[12] Antenna GAIN = Voreinstellung des „Antennengewinns" (Wirkungsgrad)

Seltsame Eindrücke

Der Fluglehrer Arnulf Hartl berichtet von so einem Radarflug:

„Die meisten US-Lehrer hatten 1972/73, zur Zeit meiner Ausbildung, 100 bis 200 Missions über Vietnam in der F-102 oder der F-105 hinter sich und wollten alle nach Luke. Eines Tages konnte mein Lehrer nicht kommen; sein Ersatzmann war ein ‚Schreibtischflieger‘ aus dem Stab. Er war ein netter Kerl Anfang 40 und, wie die Vietnamleute damals alle, recht locker. Ich hatte alles vorbereitet und meinen Radarshadow gemacht. Wir gingen raus zum Preflight.

Der IP[13] *machte auf solchen Flügen immer den Takeoff. Dann flog man die Strecke ab, nach Time und Heading* [14]*und den eigenen Shadows. Man hatte ein gewisses Zeitfenster, in dem ein Target*[15] *zu überfliegen war.*

Wir machten Takeoff. Nach etwa fünf Minuten sagt er: ‚Okay, Lieutenant! Schließen sie die Hood. Ihr Flugzeug und Ihre Mission.‘ Der Flug war in 1500 Fuß Höhe geplant, frei von Hindernissen und Bergen; das brachte einen manchmal 2500 bis 4500 Fuß hoch über die Wüste. Ich schloss die Hood und übernahm das Flugzeug.

Kurz darauf vernahm ich ein unerklärliches Geräusch. Ich machte mir nichts daraus und dachte: Unter der Haube hat man ja ganz andere Sinneseindrücke. Zwei, drei Minuten später erschnüffelte ich einen seltsamen Geruch. Es war nicht die Klimaanlage, denn die arbeitete im Tiefflug sowieso nicht richtig - nein: Es war irgendein Qualm. Ich sagte, ‚Sir, ich glaube, wir müssen den Flug abbrechen. Ich rieche Rauch im Cockpit.‘ Von vorn kam nur die knappe Anweisung: ‚Lieutenant, setzen Sie Ihre Mission fort.‘

Nochmal zwei, drei Minuten, und der Qualm wurde intensiver. Ich dachte, das kann doch nicht wahr sein; das riecht ja wie an der Bar! Ich rief: ‚Sir, ich übergebe Ihnen die Kontrolle des Flugzeugs. Wir haben einen Notfall, dichten Rauch im Cockpit und ich werde den Flug nicht fortsetzen.‘ Etwa fünfzehn Sekunden lang passierte nichts, dann rüttelte der Lehrer am

---

[13] IP= instructor pilot

[14] Time und Heading = Stoppuhr und Steuerkurs

[15] Target = Angriffsziel

Knüppel. ‚Ich übernehme, Lieutenant, Sie können die Hood öffnen.' Ich tat das, und er sagte süffisant: ‚Schauen Sie mal in meinen Rückspiegel!'

Den hatte er sich so hingedreht, dass ich ihn vom hinteren Sitz aus sehen konnte. Da saß der Oberstleutnant, angeschnallt auf dem Schleudersitz, mit abgenommener Sauerstoffmaske und einem dicken Havannastumpen im Maul, rauchend vorn im Cockpit, während ich die F-104 flog!

Der Lehrer lachte und sagte ohne jede Arroganz: ‚Keine Sorge, ich weiß, was ich tue.' Dann fuhr er fort: ‚Sie kümmern sich um den Flug, ich höre auf zu rauchen.' Er setzte seine Maske wieder auf, machte die Zigarre aus und sagte: ‚Schließen Sie die

Arnulf Hartl, Major a. D.

Hartl ist Jahrgang 1948 und stammt aus München. Er flog ab 1973 die F-104G, zunächst in Büchel, dann bis 1979 als Fluglehrer in Jever, wo der Autor ihn kennenlernte. Seine Dienstzeit endete 1990 auf der F-4F Phantom in Wittmund.

Hood.' Irgendwie brachte er uns wieder auf Kurs, von dem wir mitten in der Pampa abgekommen waren. Wir flogen zurück, landeten und gingen ins Debriefing.

‚Ihr Flug war ausgezeichnet', grinste der Lehrer. ‚Das seltsame Geräusch kam übrigens vom offenen Fresh Air Scoop.' Wenn man diese Frischluftklappe aufmachte, wurde die Klimaanlage mitsamt der Druckbelüftung der Kabine abgeschaltet; das war mir im Tiefflug gar nicht aufgefallen. Immerhin, ich hatte das Geräusch gehört, und das gefiel dem Chef. ‚Ich habe schwierige Kampfeinsätze überlebt', sagte er und tat, als bliese er Rauchkringel in die Luft. Sie können sich vorstellen, was wir auf dem Heimweg gemacht haben.' Abends gab er an der Bar drei, vier Whiskys aus, erzählte Fliegergeschichten und meinte zum Schluss: ‚Sie sind der erste, der mich erwischt hat – wenn wir diesen Raum verlassen, erzählen wir niemandem davon.'"

Fahrt ist das halbe Leben

Einmal in Fahrt, lag die Hundertvier wie ein Brett, rollte wie der Teufel und reagierte weich und zügig auf alle Inputs. Unvergleichlich war der Kick, wenn man in fünfhundert Fuß bei 450 Knoten den Brenner zündete und andrückte, um schnell *on deck*[16] zu gehen. Mit kaum der halben Schwerkraft belastet, stob der Starfighter wie vom Satan getrieben davon.

Unsere Lehrer hatten uns prophezeit: Wenn die Hundertvier fliegt, dann fliegt sie – solange Sprit an Bord ist und die Triebwerkschaufeln keine allzu großen Vögel schreddern. Drei Dinge mochte sie offensichtlich nicht: hohe Sinkraten, zu wenig Fahrt und hohe Anstellwinkel. Sinkraten sind normalerweise erst im Anflug kritisch, doch bei der F-104 konnten sie sich auch unterwegs auswirken. Die Leistungsgrafiken des Starfighters im Flughandbuch ließen selbst Fachleute ungläubig staunen, so jämmerlich flach waren die Auftriebskurven der winzigen Stummelflügel. Immerhin durften die Landeklappen bis zu unglaublichen 520 Knoten halb ausgefahren bleiben. Das war lebenswichtig für *Pop-Up*-Manöver, bei denen man hochzog, auf den Rücken rollte, die Nase unter den Horizont nahm und wieder umdrehte, zwei Sekunden im Zielanflug blieb und dann wieder hochzog. Wer im Rückenflug die Landeklappen noch drinnen hatte, war in akuter Lebensgefahr. Schnell raste die Hundertvier mit einer Sinkgeschwindigkeit zur Erde, die ohne die Auftriebshilfen nicht zu brechen war.

Langsamflug mochte die Hundertvier auch nicht besonders. Speed heißt Auftrieb, darum war die Geschwindigkeit im Anflug hoch – mindestens 175 Knoten plus Zuschlag für das Gewicht, mit voll ausgefahrenen Landeklappen. Um auf den letzten Metern vor der Landung dem „Lift" auf die Sprünge zu helfen, hatte man der Hundertvier BLC *(Boundary Layer Control)* verpasst, zu Deutsch: Grenzschichtbeeinflussung. Dabei pustet warme Druckluft aus dem Triebwerk über den hinteren Teil der Flügel, damit die Grenzschichtströmung besser anliegt. Wehe, wenn der BLC-

---

16   on deck = in den Tiefstflug

Luftstrom einmal einseitig zusammenbricht; das Flugzeug rollt dann durch den abrupten Auftriebsverlust blitzartig zur Seite, was im Landeanflug den Crash bedeuten konnte. Auch eine Variante der MiG-21 verfügte über die „aerodynamische Krücke" BLC.

Geschwindigkeit und Anstellwinkel zählen besonders in der Platzrunde. Der Anstellwinkel *AOA (Angle of Attack)* wird zwischen anströmendem Wind und Tragfläche (der Profilsehne) gemessen. Ein keilförmiges Stück Metall, die *AOA Vane*, dreht sich außen am Flugzeug wie eine Wetterfahne im Wind. Ihre Position wird auf dem *AOA-Indicator* vor der Nase des Piloten angezeigt; je größer der Wert, desto näher befindet sich die Luft über dem Flügel am Strömungsabriss. Bei der F-104 hing ein Rüttelmotor, ein *Shaker*, an der Vane. Ab einem bestimmten AOA-Wert begann der Steuerknüppel warnend zu vibrieren. Drückte der Pilot nicht sofort die Nase herunter und der AOA nahm weiter zu, schlug ein *Kicker* den Knüppel nach vorne; das sollte das Flugzeug vor einem Strömungsabriss, dem *Stall*, bewahren.

Fighter-Flugzeuge landen aus engen Kurven. An heißen Tagen konnten die kleinen Hundertvier-Flügel so niederschmetternd wenig Auftrieb liefern, dass schon in einem gewöhnlichen Endanflugturn der Shaker am Knüppel vibrierte. Da hieß es, schnellstens den Nachbrenner rein zu schieben und Fahrt aufzuholen - oder lieber gleich auszurollen und die Platzrunde abzubrechen. Augenzeugen hatten nämlich schon Starfighter „kickend" wie wild gewordene Pferde im Tiefstflug davonspringen sehen.

Dauernd mussten wir an irgendwelche Limits denken. Mit einigen Zuschlägen konnte die Landegeschwindigkeit des Starfighters schon mal bei 190 Knoten und mehr liegen. Am Boden wurde der normale Bremsvorgang vom Bremsfallschirm unterstützt, der eine Höchstgeschwindigkeit von 205 Knoten hatte. Goodyear-Reifen vertrugen 235 Knoten. Militärische Landebahnen waren in der Regel 2400 Meter lang, was bei gutem Wetter reichte. Bei stehendem Wasser auf der Piste, Eis, Schnee oder plötzlich drehenden Winden konnte es hingegen eng werden. Die Hundertvier hatte einen Fanghaken, der bei Schirm- oder Bremsversagen ein Stahlkabel packen konnte. Zwei dieser Seile lagen wie riesige Gitarrensaiten mit

Abstandsringen am hinteren Ende der Bahn; sie sollten den Flieger mit Wasserwirbelbremsen zum Halten bringen. Falls das nicht klappte, musste sich der Pilot nötigenfalls per Martin-Baker-Schleudersitz aus dem Staub machen. Ich war viermal in der „Gitarre", zweimal davon mit dem Starfighter. Hakenfänge „mit Ansage" - meist wegen eines Hydraulikproblems – waren Ereignisse, die gern von Zuschauern fotografiert wurden.

Hierzu eine kleine Anekdote aus dem Jahre 1985. Wir waren eine international gemischte Truppe von Militärpiloten, die an einem längeren Euro-NATO-Flugsicherheitslehrgang an der *Lufttaktischen Lehr- und Versuchsgruppe* auf dem Fliegerhorst Fürstenfeldbruck teilnahmen – darunter ein Pakistani, ein Inder, Dänen, Niederländer, Norweger, und so weiter. Die Stimmung war bestens, und jeder gab einmal ein fliegerisches Erlebnis preis. Unser türkischer Starfighter-Pilot, ein sehr freundlicher, bescheidener Bursche mit hintergründigem Humor berichtete, wie eines Tages das Fahrwerk seiner F-104 vor der Landung nicht voll ausfuhr. Also: Luftnotlage, Schaumteppich, der volle Zirkus.

„The whole squadron was standing by the runway, waiting for drama and explosion"[17], erzählte unser Pilot, die Augen rollend. Doch das „Drama" trat zur Enttäuschung der Zuschauer nicht ein: der Starfighter kam in einem Funkenregen zum Stehen, die Feuerwehr raste heran, und der Pilot konnte unversehrt aus dem Cockpit klettern.

„They were disappointed"[18],nickte unser türkischer Kamerad mit feinem Lächeln.

---

[17]	Auf Deutsch: die ganze Staffel stand an der Landebahn und wartete auf Drama und Explosion

[18]	Sie waren enttäuscht

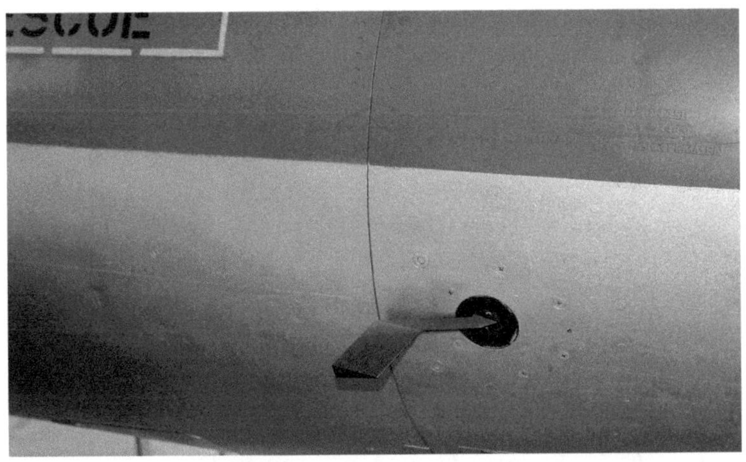

Die AOA-Vane, ein beweglicher „Winkelmesser" des relativen Windes an der Starfighter-Rumpfseite, zeigt unbestechlich die wahre Fluglage an.

Mach-2-Run

Ich war bereits auf der T-38 in Texas Überschall geflogen; nun fieberte ich Mach 2 entgegen, der offiziellen Höchstgeschwindigkeit unserer F-104G. Man raunte, dass sich die Hundertvier jenseits der Schallmauer in ein entfesseltes Tier verwandelte und man vom „Überschreiten" der Schallmauer kaum etwas mitbekam.

Am 22. Juni 1978 war es soweit. Gemeinsam mit meinem Lehrer Bill Clack ging ich zur TF mit der Nummer 074. Bill hatte mich im Briefing auf ein paar Besonderheiten hingewiesen: *„Der Kraftstoff-Mehrverbrauch mit Nachbrenner wird nicht angezeigt. Bei Mach 2 geht das SLOW-Light an – dann nimmst du das Gas raus ..."*

Um 8.22 Uhr hoben wir ab und befanden uns wenig später in 38.000 Fuß, wo wir den Nachbrenner reinschoben; schnell stand die Geschwindigkeitsanzeige bei Mach 1. Wie elegant dieses schlanke Flugzeug die Schallmauer überwand! Im Cockpit war es kaum lauter geworden und ich spürte keinerlei Vibrationen. Beim Passieren von Mach 1 zuckten Höhenmesser- und Steigratenanzeige nur einmal kurz, während sich der Fahrtmesser unaufhaltsam im Uhrzeigersinn weiterdrehte. Unter uns rauschte die Wüste von Arizona im

Zeitraffertempo vorbei. Kaum hatte ich begonnen, diesen Hexenritt zu genießen, leuchtete vorn am Panel eine rote Lampe auf: Das *SLOW*-Licht meldete die zulässige Kompressoreinlass-Höchsttemperatur *(CIT)*. Wir flogen etwa Mach 2, und wieder war im Cockpit nichts davon zu spüren. Bill murmelte zufrieden etwas ins Interphone, zog den Schubhebel zurück und begann eine Kurve. Der ganze Run hatte genau 3,4 Minuten gedauert, das J-79-Triebwerk 1200 Pfund Jet-Fuel geschluckt.

18 Jahre zuvor hatte Mike Vivian als Angehöriger der Arizona Air National Guard mit einer F-104 B Seltsames erlebt:

„Ich sollte mit unserem Berater Oberstleutnant Phillip Rand von der US Air Force fliegen. Wir gingen auf Startbahn 8 in Position. Triebwerkschecks, Bremsen lösen, Nachbrenner: Die Beschleunigung war fantastisch! Nach der schweren F-86 war dies ein Ritt auf einer Rakete.

Unser Abflug ging nach Osten; Rand hatte vorgeschlagen, mit Nachbrenner auf 35.000 Fuß zu steigen. Ein B-Modell, clean, im Nachbrenner! Die Flugzeugnase zeigte nach oben, und ich hatte Mühe, 400 Sachen zu halten. ‚450 sind für einen Nachbrenner-Steigflug auch okay‘, sagte Rand. Ich versuchte so gut ich konnte, diese zu halten, schaffte es aber nur ungefähr. Schnell waren wir auf Mach 0,9; das hielt ich, bis wir auf einmal auf 35.000 Fuß waren. Es konnten kaum mehr als zwei Minuten gewesen sein, und schon waren wir hier oben! Ich musste die Trimmung hinkriegen, weil unsere Beschleunigung uns schon über Mach 1 schob. Ich versuchte, uns im Horizontalflug zu halten. Rand riet mir, die Nase etwas nach unten zu trimmen. Das wirkte; die Maschine schien zu ächzen, während die Mach-Nadel im Instrument herum raste. Bei Mach 1,7 oder vielleicht 1,8 begann der T-2-Reset[19] und die Triebwerksdrehzahl stieg auf 104 Prozent.

Jetzt konnte man noch mehr Beschleunigung spüren. Schon waren wir auf Mach 2, und Rand meinte: ‚Lass uns einen langsamen Steigflug beginnen und dann sachte den Nachbrenner raus nehmen.‘ Ich begann die Kurve,

---

[19]   T-2-Reset: Die Lufteinlasstemperatur des Triebwerkskompressors wird mit „T2" bezeichnet. Beim hohen Überschallflug steigt die Einlasstemperatur durch den Staudruck bis auf etwa 100 °C an; die Luftdichte sinkt, das Triebwerk hat plötzlich weniger „Luft zum Atmen". Zum Ausgleich erhöht die automatische Kraftstoffregelung des Starfighters die Triebwerksdrehzahl bei T2-Temperaturen zwischen 92 und 104 °C von 100 auf 104 Prozent.

doch als ich den Schubhebel zurückzog, füllte sich das ganze Cockpit mit Nebel! Ich dachte an einen explosiven Druckabfall in der Kabine; das stimmte auch, aber der wahre Grund war ein Flameout - das Triebwerk war ausgefallen! Mein erster Flug auf dem Flugzeug, und ich hatte es kaputt gemacht.

Oberstleutnant Rand sagte: ‚Flieg' die Kurve weiter, zurück Richtung Phoenix.' Das machte ich, bemerkte dann aber, wie er am Knüppel rüttelte und die Kontrolle übernahm. So lehnte ich mich einfach zurück und ließ ihn fliegen.

Der Nebel im Cockpit verschwand und ich konnte die Instrumente wieder sehen; die Triebwerksdrehzahl stand auf 40 Prozent und wollte einfach nicht steigen, egal, wie oft ich die Starthebel drückte. Die Abgastemperatur war ebenfalls am unteren Anschlag. Ich erinnere mich nicht mehr an unseren Sinkflug zurück nach Sky Harbor; irgendwann startete das Triebwerk endlich und die Drehzahl begann dem Schubhebel zu folgen. Oberstleutnant Rand gab mir das Flugzeug wieder, und ich machte einen direkten Anflug zur Landebahn. Es war ein Takeoff Flap-Approach[20], weil wir ja Triebwerksprobleme hatten.

Ich landete die Maschine, zog den Bremsschirm, rollte zurück und stellte ab. Als die Warte die Zugangsklappe zur Elektrik öffneten, standen alle vier Kraftstoffhilfspumpenschalter in AUS!

Wir waren gestartet, auf große Höhen gestiegen und hatten Mach 2 erreicht. Solange ich nie den Schubhebel bewegte, lief das J-79 wunderbar weiter. Kaum wurde er aber zurückgezogen, ging ohne die Pumpen einfach der Sprit aus."

---

20   *Takeoff-Flap-Anflug* = eine Landung mit Landeklappen-Mittelstellung. Bei der F-104 gab es die Positionen „Takeoff" und „Full".

Michael A. „Mike" Vivian, Major a. D. der US-Luftwaffe

Vivian ging 1954 zur Air Force und wurde zum Flugzeugtechniker ausgebildet; 1955 begann er privat zu fliegen. Seine Lufwaffenschwinge erhielt er 1958. Zu seinen wichtigsten Militärflugzeugen zählten die F-86 L, die A1-H Skyraider und der F-104 Starfighter; nach der Pensionierung wechselte er in die Zivilluftfahrt.

Mike loggte 2800 seiner 14.909 (!) Gesamtflugstunden von 1960 bis 1982 auf den F-104-Varianten A, B, C, D, F, TF und G.

Endspurt

Der Sommer in Arizona war so heiß, dass sich die Innenverkleidung meines VW-Golf aufzulösen begann. Über der Wüste flirrte die Luft – wir flogen und flogen, und nicht immer klappte alles wie geplant. Am 24. April 1978 notierte ich in mein Tagebuch:

„... bei einem Rejoin rast unser Wingman mit zu hoher Geschwindigkeit direkt auf uns zu. Doug kann nur noch einen Fluch ausstoßen und unser Flugzeug hochreißen ...“

Am 6. Juli 1978:

„... nach einigen Abfangübungen macht unser Vogel plötzlich Kick-Bewegungen, und der Knüppel geht nicht ganz nach hinten... Der Kabinendruck fällt langsam ab, wir schalten unsere Masken auf 100 Prozent Sauerstoff, fliegen heim und machen sicherheitshalber eine Takeoff-Flaps-Landung. Beim Aufsetzen rumpelt das Bugrad wie verrückt, und als wir auf dem Parkplatz die Landeklappen einfahren wollen, brennt ein Landeklappenmotor durch. Was für eine Mühle!“

Einige Wochen danach stand ich zum Start auf dem Rollweg, als sich plötzlich das Kabinendach der vor mir wartenden Maschine öffnete und der Pilot blitzartig aus dem Flugzeug türmte. Er kam nicht weit, denn seine Rettungsleine war noch am Schleudersitzkissen befestigt. Später hörte man, etwas habe in seinem Cockpit gequalmt.

Schüler und Lehrer* beim Mexikaner „Raul & Theresa´s“ (v.l.): Neher – (verdeckt) Lössner – Carrigan*-Hughes*-Schnau-Neher-Ulrich-Stünkel

Graduation

Die F-104s hatten unsere ersten Gehversuche als Fighterpiloten über viele Monate klaglos ertragen. Nun stand unsere Klasse unmittelbar vor dem Lehrgangsabschluss, und wir begannen, dem großen Ereignis der Abschlussfeier entgegenzufiebern. Die *Graduation Ceremony* ist bei der U.S. Air Force ein wichtiges Ritual und findet stets im festlich geschmückten Saal des Offiziersheims statt. Die Fahne der Vereinigten Staaten darf nicht fehlen, ebenso wenig die eines Partnerlandes der betreffenden Lehrgangsteilnehmer und Ausbilder. Alle Piloten tragen Ausgehuniform, die Damen festliche Abendkleider.

Luke-Graduations verliefen nach einem festen Schema. Nach dem Cocktail folgte das Wort des Militärpfarrers, dann gab es ein Dinner. Um 21 Uhr stellte ein Offizier die anwesenden Gäste vor. Es folgte die Ansprache eines Gastredners. Im Anschluss wurden die Urkunden überreicht und Preise für die Lehrgangsbesten in Theorie *(Academic Award)* und Waffentraining *(Top Gun Award)* verliehen.

Der deutsche Lehrgangssprecher hielt eine Rede, danach machte der eingangs erwähnte US-Offizier noch ein paar abschließende Bemerkungen. Die offizielle Zeremonie endete mit dem Segen des Militärpfarrers. Dann wurde ausgelassen gefeiert, bis der Morgen graute.

Die graduierende Klasse hatte das Recht, einen Gastredner zu benennen – oft ein aktiver oder pensionierter Jagdflieger, ein General oder Flugzeugkonstrukteur. Einen besonderen Gast hatte sich Peter Krusemeyers Klasse 70-F ausgesucht:

„Durch familiäre Beziehungen konnte ich Professor Dr. Willy Messerschmitt gewinnen. Fröhlich und unbedarft organisierten wir seinen Flug mit der Flugbereitschaft in die USA, die Unterkunft im BOQ[21], und so weiter. Weder unserer Luftwaffenstaffelführung noch der U.S. Air Force war klar, was für einen VIP wir uns da an Land gezogen hatten. Plötzlich, drei Tage vor der Ankunft des Professors, platzte die Bombe: Der geniale

---

[21]   BOQ (Bachelor Officers Quarter) = wörtlich: Unterkunft für ledige Offiziere; hier: Gästewohnung

*Während unsere Staffelführung etwas beleidigt tat, weil wir ihnen die
Brisanz der Person nicht klargemacht hatten, reagierte die U.S. Air Force
ganz anders: Sie ließ das Super-VIP-Programm ablaufen, inklusive Spezial-
Zubringer-Shuttle nach Luke AFB, Unterbringung im VIP BOQ, Empfang
beim General, Presse, Begleitoffizier und so weiter. Professor Messerschmitt
genoss das alles sehr, verbrachte aber auch viel Zeit mit uns Absolventen.
Seine Graduation Speech war ein flammendes Bekenntnis*

*Ein gutes Team: Gastredner Professor Willy Messerschmitt mit den F-104-
Lehrgangsteilnehmern Lorenzen-Schmidt (links) und Krusemeyer.*

Peter Krusemeyer, Fregattenkapitän a. D. geb. am 10. 06. 1944 in
Oslo/Norwegen, gehört der Marine-Crew X/65 an. Er ging 1969 in
die Jetpiloten-Ausbildung und war in den verschiedensten
Verwendungen Pilot und Vorgesetzter auf F-104G und Tornado. Er
flog ab 1987 als Kapitän auf Boeing B737 und arbeitete viele Jahre als
Sicherheitstrainer für Fluggesellschaften.

Unsere Graduation fand einige Jahre später im selben Offiziersheim statt. Stress und Lehrgangsfrust waren vergessen, als wir in unseren besten Uniformen den geschmückten Saal betraten. Unser Gastredner war kein Geringerer als der alte Lockheed-Testpilot Tony LeVier, Mr. Starfighter persönlich. Er selbst hatte am 28. Februar 1954 den Erstflug der XF-104 durchgeführt und sämtliche Mach-2-Urkunden und Club-Mitgliedskarten unterschrieben, natürlich auch meine. Allenfalls ausgekochte Testpiloten wie Chuck Yeager oder geniale Konstrukteure wie Willy Messerschmitt konnten ihm wohl das Wasser reichen.

Lächelnd und locker wie ein US-Talkmaster trat Mr. LeVier ans Rednerpult. Er gratulierte uns zum bestandenen Lehrgang und sprach frei über sein Baby, die Hundertvier. Voller Humor und Selbstironie ließ er uns noch einmal an ihren Kindertagen teilhaben, den Trudelversuchen, Überschallflügen und Rekorden. Zum Schluss wünschte er uns alles Gute, Spaß und Fliegerglück.

Es war ein besonderer Tag. Der Meister hatte gesprochen, und wir hatten unsere Urkunden bekommen. Jetzt gehörten wir zum Club der Hundertvier-Driver.

Sea Survival und Abreise

Der fliegerische Teil unserer USA-Ausbildung war zu Ende. Wir hatten Mitte Oktober 1978, und uns fehlte nur noch das Seeüberlebenstraining in Florida. Wir packten unsere Sachen, verabschiedeten uns in Arizona von Freunden und Bekannten, den Fluglehrern und ihren Frauen. Dann ging es mit dem Linienflugzeug quer durch die USA nach Miami, wo die ungewohnte Luftfeuchtigkeit uns beinahe umhaute. Wir wurden zum nahe gelegenen Luftwaffenstützpunkt Homestead Air Force Base im Süden der Metropole gefahren und ins dortige BOQ eingewiesen.

Am nächsten Tag begrüßte man uns in aller Frühe in einer Lehrbaracke. Dann ging es bei strömendem Regen (hier hieß das *Liquid Sunshine*) zum Trainingsort Turkey Point, wo wir uns den ganzen Tag über von einem Turm abseilten und an Schlauchbooten übten. Ein junger Sergeant erklärte uns Rettungsgeräte für Jetpiloten und verwies schmunzelnd auf eine kleine landestypische Besonderheit: Haie. Er meinte, die Tiere seien eigentlich sehr freundlich und griffen Menschen nur selten an, sofern man sie einfach in Ruhe ließ und im Wasser nicht zu viel helle Kleidung trug. Blinkende Gegenstände wie Uhren und Schmuck solle man meiden und beim See-Training schwarze Socken über die hellen Turnschuhe ziehen.

Wir taten, was er gesagt hatte, und in der Biscayne Bay zeigte sich nicht eine Haiflosse. Das *Sea Survival* verlief entspannt, gemessen am Pilotentraining. Ich stellte belustigt fest, dass die US-Luftwaffe eigene Boote, Matrosen und Schwimmwesten besaß. Ein grau gestrichener Air-Force-Kutter fuhr uns hinaus. Man tunkte uns in den warmen Atlantik und zerrte uns an Fallschirmen in die Luft, wo wir ausgeklinkt wurden und wie notlandende Piloten ins Wasser platschten. Zum Ende der Übung saßen wir in einem 20-Mann-Schlauchboot.

Auch wenn im feuchten Florida der Schweiß in Strömen floss: der praktische Unterricht auf der Homestead Air Force Base glich einem bezahlten Badeurlaub, und nach wenigen Tagen war unser *Sea Survival* beendet.

Bis zur „Europäisierung" im fernen Jever waren noch einige Wochen Zeit. Ich machte auf eigene Faust Abstecher auf die Bahamas und nach Jamaika, bevor es ein letztes Mal zurück nach Luke ging. Wir empfingen unsere Papiere, verabschiedeten uns und flogen nach El Paso in Texas. Am 30. November 1978 startete die Luftwaffen-Boeing 707 von dort in Richtung Köln.

Der Autor beim Außencheck vor dem Flug.

Wieder in Deutschland

Man brauchte etwa 1000 Flugstunden, um den Starfighter in allen Situationen zu beherrschen. Weitere 1500 bis 2000, und er war ein Stück von dir.

Ringo Suhr

Friesischer Winter

Wer einmal längere Zeit in einem schönen, warmen Land unter freundlichen Menschen gelebt hat, kann sich unser herbes Erwachen nach der Rückkehr ins winterliche Deutschland vorstellen. Schneetreiben, Enge, muffige Gesichter in der Bundesbahn, auf den Straßen und in den Geschäften – der Kontrast zum Ami-Land konnte nicht härter sein. Ich wollte sofort wieder weg, und nicht einmal die Vorfreude auf Weihnachten konnte das ändern. Es half aber nichts: Wir hatten versprochen, keine Schlappschwänze zu sein – so bissen wir die Zähne zusammen und versuchten uns an den Alltag in unserer alten, kalten Heimat zu gewöhnen.

Nach einem kurzen Besuch bei Eltern und Freunden ging es nach Fürstenfeldbruck, wo man uns auf ein Schleudersitzkatapult schnallte und einmal mehr in die Druckkammer steckte. Tags darauf fuhr ich gen Norden, um in meinem zukünftigen Geschwader, dem Marinefliegergeschwader 1 in Schleswig-Jagel, einen Kälteschutzanzug angepasst zu bekommen. Im MFG 1 war gerade Alarmübung, als ich meinen unförmigen orangeroten *Frankenstein* bekam, so hieß der Anzug wegen seines großen schrägen Reißverschlusses. Ich holte auch meinen „Zinksarg"-Koffer, den ich seit Beginn meiner Marinelaufbahn besaß; er war ein Nachfahre der legendären Seekiste. Dann fuhr ich bei saumäßigem Wetter fünf Stunden Richtung Westen, ins friesische Jever. Dort sollte unsere „Europäisierung" als Starfighter-Pilot stattfinden. Der hübsche Ort, einst in russischem Besitz und berühmt für seine Brauerei und ein imposantes Schloss, lag nicht weit von meinem Elternhaus in Wilhelmshaven; ich konnte also jeden Morgen von zu Hause anreisen.

Europäisierung mag für heutige Ohren wie die Umrüstung eines US-Importautos oder die Eingliederung von Zuwanderern klingen. Für uns Jungpiloten bedeutete dieser Begriff einen mehrwöchigen Kurs an der *Waffenschule der Luftwaffe 10 (WaSLw 10)* mit Theorie und Instrumentenflügen bei deutschem Mistwetter. Der Zeitpunkt schien perfekt gewählt, denn unser Kurs begann am 2. Januar 1979; Norddeutschland lag bei minus 12 Grad Celsius mitten im tiefsten Winter.

Der Fliegerhorst Upjever wurde im Jahre 1936 angelegt. Neben großzügigen Unterkünften und Flugzeughallen, Kino und Friseur bot er ein gemütliches Offiziersheim mit tiefen Sesseln und Ölschinken an den Wänden, wo man abends bei ein paar Bieren Karten spielen oder Fliegergeschichten erzählen konnte. Tagsüber verbrachten wir unseren Dienst zwischen den Flügen in einem Staffelgebäude-Flachbau aus den 1960er Jahren. Unsere Fluglehrer hatten den Auftrag, ihren sonnenverwöhnten „Kunden" zu vermitteln, wie Schönwetter-Starfighter (so kannten wir sie ja nur) im engen deutschen Luftraum und bei Nebel, Eis und Schnee zu fliegen waren.

Wir kamen uns vor wie Spanienurlauber, die versehentlich in einen Jet nach Sibirien gestiegen waren und nun zweimal am Tag in Badehose Schlitten fahren sollten. Während wir versuchten, das Beste daraus zu machen, gab es allerhand zu lernen. Der enge Luftraum über unserer kleinen Bundesrepublik wurde in jenen Tagen nicht nur durch die *Bundesanstalt für Flugsicherung (BFS)* kontrolliert; es gab auch die weitgehend autonome militärische Flugsicherung mit eigenen Flugstrecken und Funkanlagen, Radaranlagen und Kontrolltürmen, darüber hinaus auch zahlreiche ähnliche Installationen der Alliierten, die die Flüge ihrer Luftwaffenbasen in Deutschland kontrollierten.

Deutschland (West) hatte bei Starfighter-Geschwindigkeit die gefühlte Fläche eines Handtuchs, und wir düsten binnen Minuten von einem Flugsicherungssektor zum nächsten. Wetter und

Luftraum stellten für den Starfighter-Jockey im einsitzigen Cockpit eine besondere Herausforderung dar. Er musste seine Formation beisammenhalten, für sie funken und navigieren, die Flugzeuge rechtzeitig vor dem Eintauchen in eine geschlossene Wolkenschicht zusammentrommeln und vor der Landung wieder in handliche Zweier-Pakete auflösen – das Ganze buchstäblich bei Nacht und Nebel. Wir starteten zum Beispiel in Formation in Jever, machten einen *Letdown* (Instrumentenanflug) in Nordholz bei Cuxhaven und flogen weiter nach Schleswig. Nach einem weiteren Anflug ging es westwärts zurück nach Oldenburg und abschließend heim zur Formationslandung in Jever.

Auf unseren Übungstrips saßen wir fast nur im TF-Doppelsitzer, der Lehrer hinten, der Schüler vorn. Das wichtigste Navigationsmittel des Starfighters war der *TACAN*-Empfänger. Dieses altertümliche Gerät war recht zuverlässig, setzte aber ein gewisses räumliches Vorstellungsvermögen voraus: Auf welcher Standlinie von Station X bin ich gerade? Welchen Kurs muss ich anlegen, um genau auf zehn Meilen südwestlich Station Y rauszukommen? *Fix-to- Fix*–Aufgaben wie diese (von einer Position zur anderen) gehörten zu *Mental DR*, zum Dead Reckoning, auf Deutsch: zum Navigieren im Kopf, zur Koppelnavigation.

Das geistige „Mitplotten" war neben den vertrauten Präzisionsradaranflügen mit Lotsenhilfe *(PAR Approaches)* unser täglich Brot; wir kapierten schnell, warum Jever im Ruf stand, eine „TACAN-Akademie" zu sein. Oberstleutnant B. behauptete, auf ein halbes Grad genau fliegen zu können, und verlangte das selbstverständlich auch von uns. Welch ein schroffer Wechsel von der Schönwetterfliegerei über der Wüste zu diesem drögen Instrumentenflugtraining!

Wir mussten allerdings bald feststellen, dass die Schulung durchaus Sinn machte. Als Wingman hatte man immer genug damit zu tun, am Leader zu bleiben und nicht eine Handbreit von seiner Seite zu weichen; sonst lief man Gefahr, bei der kleinsten Unachtsamkeit in der nächsten oder übernächsten Wolke abgehängt zu werden. Für die Instrumente, Funkfrequenzen und Spritanzeigen im eigenen Cockpit blieb allenfalls ein kurzes Blinzeln, wollte man seinen

Formationsführer nicht verlieren.

Das Wetter war ein großer Faktor im Training, genau wie es die Organisatoren prophezeit hatten. Drei Tage nach einem schönen Mach-2-Trip, als „Beisitzer" auf einem Testflug, kehrte ich mit meinem Lehrer von Anflügen nach Eggebek bei Flensburg zurück. Am Fliegerhorst Jever herrschten so starke Böen, dass wir uns – wie in solchen Situationen üblich – zu einer Landung mit halben Klappen, *Takeoff Flaps*, entschieden. Kurz nach dem Aufsetzen erwischte uns eine seitliche Böe, wir bekamen starke Linksdrift und ich musste rasch den Bremsschirm abwerfen, um nicht von der Bahn gezogen zu werden. Die hohe Rollgeschwindigkeit war mit den Bremsen allein nicht mehr zu drosseln. Wir fuhren den Fanghaken aus und donnerten mit etwa 50 Knoten in das bereitliegende Kabel.

Mein Herz klopfte noch eine ganze Weile. Fluglehrer Hauptmann E. verlor beim Debriefing kaum ein Wort über diesen Hakenfang, der auch im Gefechtsstand nicht weiter als „Vorkommnis" notiert wurde.

TF-104 G am Haupteingang zum Fliegerhorst Jever.

Fanganlagen

„Die Sea Hawk schwebte zum Anflug herein, setzte auf und rollte auf die Fanganlage zu", beschreibt der *Nachbrenner*, die Zeitschrift des Marinefliegergeschwaders 1 in Schleswig-Jagel, ein spektakuläres Ereignis vom 13. Juli 1962. *„Der Fanghaken des Flugzeugs ruckte in das Fangseil, es knirschte und krachte, das Seil riss, schlug Funken und setzte die Maschine in Brand."*

Kurz vor Einführung des Starfighters bei der Bundesmarine hatte man einen Praxisversuch angesetzt: Ein Sea Hawk-Kampfjet sollte durch eine Hakenfanganlage mit schweren, ausziehbaren Ankerketten zur Aufnahme der kinetischen Energie zum Stehen kommen. Leider misslang der Test, das Flugzeug mit dem Kennzeichen RB+362 wurde total zerstört. Der Pilot des Einsitzers konnte sich durch einen Sprung aus dem brennenden Wrack retten.

Fanganlagen am Boden, so genannte *Arresting Systems*, stammen von den Flugzeugträgern. Luftwaffengeneral Steinhoff versuchte damit schon in den 1960er-Jahren die Absturzzahlen des „Witwenmachers" F-104G zu verringern. Laut *„Spiegel"* wurden 1968 *„für 15 Millionen Mark bislang 52 Fanganlagen installiert, wie sie US-Flugzeugträger aufweisen. Zehn F-104 jagten bereits mit mehr als 200 Stundenkilometer Geschwindigkeit ins Fangseil, eine Maschine, die den Start abbrechen musste, sogar mit fast 300 Stundenkilometer; sie alle wären ohne die Anlage zu Bruch gegangen. Im Ganzen bewahrte die Neuheit schon 48 Luftwaffen-Flugzeuge, darunter 35 Starfighter, vor Schaden."*[22]

Viele Fliegerhorste sind seither vierfach mit Fanganlagen ausgerüstet. Zwei Kabel liegen am vorderen Ende der Bahn, um ein Flugzeug mit Schaden an Bremsanlage oder Bugradsteuerung einfangen zu können. Zwei weitere befinden sich am hinteren Ende der Runway, als letzte Rettung vor dem Überschießen der Bahn bei Startabbruch oder missglückter Landung. Die Kabel sind auf der Anflugkarte in Flugrichtung mit A-B-C-D bezeichnet.

Nicht alle Flugzeuge sind für *Approach End Arrestment* (am vorderen

---

[22]   *Der Spiegel*, Ausgabe 47/1968, Seite 44.

Teil der Landebahn, mit Kabel A oder B) zugelassen – der Fanghaken des sehr schnell anfliegenden Starfighters neigte zum Bespiel bei Berührung der Landebahn zum Poltern und konnte das vordere Seil verfehlen. Flugzeuge wie die (auch als Trägervariante gebaute) F-4 *Phantom* oder der *Tornado* meisterten dagegen den Hakenfang am Bahnbeginn ohne Probleme.

Barrier verweist streng genommen auf eine andere, nur noch selten verwendete Anlage, die den Flieger wie ein gewaltiges Tennisnetz auffängt. In der ehemaligen DDR gab es schon in den späten 1970er-Jahren die vollautomatisch arbeitende *Flugzeugnotfanganlage ATU-G/1A* mit Fangnetz. Heute werden Netze, wenn überhaupt, nur noch als letztes Rettungsmittel gebraucht, wenn Bremsen und Kabel versagen. Das Verletzungsrisiko für den Piloten ist hoch: Er sitzt nach dem Fang buchstäblich unter dem Netz gefangen und kann sich nicht per Schleudersitz aus einem brennenden Wrack schießen.

Moderne Kabelfanganlagen nutzen zur „Energievernichtung" den Wasserwiderstand einer Wirbelanlage, die mit schweren Rollen und hydraulischen Bremsen arbeitet das Kabel mit dem Jet beim Einrollen verzögert.

Der Schleswiger Sea Hawk-Pilot Oberleutnant K. hatte wohl einfach Pech; ein paar Knoten weniger, etwas mehr Gegenwind, und das Flugzeug wäre vielleicht heil geblieben. *„Wie sind Sie denn bloß rausgekommen?"*, fragte der Kommodore den Bruchpiloten. Die lapidare Antwort lautete: *„Zu Fuß, Herr Kap´tän, zu Fuß!"*

Seahawk der indischen Marine beim Durchstarten auf dem Träger VIKRANT

Ein schlechter Tag

Meine Ausbildung in Jever verlief zufriedenstellend, abgesehen von dem einen oder anderen „Hänger" und Patzer. An einem Nachmittag sollte ich mit dem älteren Stabspiloten Oberstleutnant R. fliegen, der vor vielen Jahren einmal Staffelchef in Luke gewesen war. Er pflegte mit uns jungen Piloten einen distanzierten Umgang, und bei uns stimmte die Chemie von Anfang an nicht.

Während des Tieffluges über Norddeutschland wurschtelte ich im vorderen Cockpit des Starfighters nervös mit der Tiefflugkarte herum, verflog mich gleich nach dem ersten Übungsziel und machte nach der Rückkehr nach Jever nur enttäuschende Platzrunden.

Der Oberstleutnant bewertete den Flug mit „nicht bestanden" und ergänzte mit der Bemerkung *very poor performance*. Noch unangehmer war seine Schlussbemerkung: „*He seems to have an attitude problem*"[23]. Das saß! An meinen Leistungen mochte immer mal jemand gezweifelt haben, aber meine Begeisterung für die Fliegerei war groß, und ich gab mir viel Mühe. Es ärgerte mich, dass jemand an meiner Einstellung zweifelte, der mich gerade erst kennengelernt hatte - doch zur Hölle! Piloten müssen einstecken können. Also: Schnauze halten – später konnte man überlegen, was an der Kritik dran war.

Der Abend brachte weiteres Pech. In dunkler Nacht, an der Wing meines Leaders, fiel ich auf eine Starfighter-Macke herein: Die Außentanks fütterten nicht in den Haupttank. Dies war an sich nicht tragisch, sofern man es rechtzeitig bemerkte und den halboffiziellen *Circuit Breaker Puller*, einen kleinen Alu-Griff mit echter Bundeswehr-Versorgungsnummer, aus der Jackentasche holte. Mit seiner Hilfe konnte man die Sicherung schräg links hinter dem Piloten ziehen, damit das Außentankventil öffnen und den Sprit wieder zum Fließen bringen. Mit Handschuh-Fingern ging das nicht, weil die Sicherungen zu dicht beieinander saßen.

Durch die Konzentration auf den Leader hatte ich nur ein, zweimal kurz auf meine Spritanzeige geschaut; so war mir entgangen, dass

---

[23] Er scheint ein Problem mit seiner Einstellung zu haben

die Außentankventile festsaßen und die Tanknadeln stehen geblieben waren. Zweimal 1167 Pfund Kerosin waren für den weiteren Flug unbenutzbar, was die Flugdauer dramatisch verkürzte.

„Goddamn! Check the f.... fuel!", hörte ich meinen US-Lehrer Friedhelm im hinteren Cockpit fauchen. Er brüllte, er habe nicht die Absicht, nachts wegen Spritmangels notzulanden. Ich übergab ihm die Kontrolle über das Flugzeug und zog die Sicherung; schon lief wieder Sprit aus den Außentanks.

Am Boden ging das Donnerwetter weiter. *„Beim nächsten Mal bleibt dir noch das Triebwerk stehen"*, fluchte Friedhelm, mit der Faust auf den Staffeltresen hämmernd. *„Pass in Zukunft auf die verdamm*ten Uhren auf!"

Der gutmütige, in Friesland geborener Major der US Air Force, Austauschpilot bei der Waffenschule 10, war ehrlich erregt. Bei allem Frust musste ich mir ein Grinsen verkneifen: Als Sechsjähriger hatte ich im Schwarzweißfernsehen schon mal jemanden so hämmern sehen. Es war kein Geringerer als Sowjetpräsident Chruschtschow, der vor der 15. UNO-Vollversammlung mit seinem Schuh aufs Rednerpult drosch.

Ich hatte zum zweiten Mal an diesem Tag ein *unsatisfactory* kassiert und ging reichlich zerknirscht ins Bett. Beide Flüge konnte ich nachholen, und bis heute denke ich an meine Tanks.

Tankanzeigen: Haupttank (links), Außentanks (rechts), darunter der Wahlschalter für deren Anzeige

Cross-Country

Jeder Flugschüler machte von Jever aus einen ausgedehnten Cross-Country-Navigationsübungsflug in Formation; meiner ging nach Getafe bei Madrid. Unsere zwei TF-104G flogen zunächst zum Auftanken und Übernachten nach Nörvenich. Eigentlich wäre der Stopp gar nicht nötig gewesen, doch der Instrumentenanflug passte gut ins Trainingsprogramm. Am nächsten Tag ging es weiter nach Istres, eine große Testflugbasis bei Marseille. Von dort war es nicht mehr allzu weit nach Getafe. Wir parkten unsere Jets dicht neben einer alten DC-6-Propellermaschine und begannen, unser Gepäck auszuladen.

Auf dem Formationsflug von Jever nach Getafe

Beide Jets trugen am Flügel einen Außentank, der zum „Posttank" umgebaut worden war und zur Be- und Entladung von Waren aller Art eine diskrete Öffnungsklappe besaß. Sie war so geschickt gemacht, dass die Tankwarte im Ausland nicht selten Sprit in den vermeintlichen „Tank" füllen wollten. Nicht einmal der Zoll ahnte, wie wunderbar sich dort leckere Spirituosen und andere Waren transportieren ließen.

Inzwischen war auch ein Starfighter vom Jagdbombergeschwader 33 Büchel in Getafe eingetroffen; bei der Landung war ihm der linke Hauptfahrwerksreifen geplatzt. Während sich die spanischen Flugzeugwarte den Schaden besahen, staunten sie nicht schlecht über die vielen leeren Kunststoffkanister, die aus den Tanks der drei deutschen Maschinen zutage gefördert wurden.

Wir checkten im Hotel *Victoria* ein, tauschten unsere 100-D-Mark-Scheine in je 3765 Peseten um und fuhren schnurstracks zur *Bodega del Norte*, einem nahe gelegenen Schnapsladen. Dort ließen kundige Hände größere Mengen Sherry und Branntwein in die Kanister gluckern. Sie wurden anschließend zum Hotel zurücktransportiert, während wir in der Stadt auf Entdeckungstour gingen.

Vor dem Rückflug nach Jever informierten wir, wie es sich gehörte, per Fernschreiben noch den friesischen Zoll. Als wir aber am Montag gegen 15.30 Uhr auf heimatlichem Beton ausrollten, war weit und breit kein Grünrock zu sehen. Unser Staffelfahrer Oskar bekam die versprochene Stange Zigaretten; eine Flasche Curaçao war leider zu Bruch gegangen.

Nach den stärksten Schneefällen meines jungen Lebens – die Bundesbahn blieb in den Schneewehen stecken, Schwangere mussten mit Panzern zur Entbindung gebracht werden - bekam ich im April 1979 den Marschbefehl von Jever zu meinem Geschwader nach Schleswig. Ein letztes Mal stopfte ich mein Hab und Gut in den Golf, der mich so treu durch die Wüste gebracht hatte; sein roter Lack des noch recht neuen Wagens war von der Sonne Arizonas gebleicht. Nach meiner Ankunft im Fliegerhorst-Unterkunftsbereich in Kropp bezog ich eine provisorische Unterkunft im Block VII. Ab jetzt gehörte ich zur 1. Staffel des Marinefliegergeschwaders 1 – einer, wie ich bald feststellen sollte, selbstbewussten kleinen Einheit unserer ebenso selbstbewussten Marine.

Fliegen für die Flotte

Warum Marineflieger?

Etliche Nationen lassen ihre Seeflüge von der Luftwaffe durchführen; dabei hat „echte" Marinefliegerei (mit Marinepiloten) vielerorts eine lange Tradition. So auch in Deutschland: Kaiser Wilhelm II. befahl am 3. Mai 1913 mit *Allerhöchster Kabinettsorder (AKO)* die Aufstellung der ersten Marinefliegerkräfte; schon bald starteten Luftschiffe in Berlin-Johannisthal und Wasserflugzeuge im westpreußischen Putzig.

Bei Kriegsausbruch befand sich die Hauptseeflugstation in Kiel-Holtenau. Die fliegenden Seeleute verfügten über Marineluftschiffe, Motorflugzeuge und sogar Flugzeugmutterschiffe (schwimmende Versorger). Der verlorene Erste Weltkrieg war eine schlimme Zäsur für das deutsche Flugwesen: die meisten Militärflugzeuge mussten gemäß Versailler Vertrag (1919) zerstört werden, nur wenige überlebten als Postmaschinen. Zu Zeiten der Weimarer Republik war nur eine getarnte militärische Flugzeugentwicklung möglich; erst Hitlers Machtergreifung im Jahre 1933 beendete diese Zwangspause.

In den späten 1930er-Jahren verfügte die Marine wieder über etwa 190 Flugzeuge. Hermann Göring, Oberbefehlshaber der 1935 neu aufgestellten Luftwaffe, betrachtete die Seefliegerei mit Argwohn. Der dicke Feldmarschall, im Ersten Weltkrieg einst drahtiger Pour-le-Mérite-Fliegerheld, verleibte die Seeflieger mit Wirkung vom 27. Januar 1939 der Luftwaffe ein – gegen den Widerstand des Oberbefehlshabers der Marine, Erich Raeder.

Gut zehn Jahre nach dem Zusammenbruch des Dritten Reichs begann die Wiederbewaffnung der Bundesrepublik Deutschland. Von Anfang an waren „echte" Marineflieger unter dem Kommando der Flotte eingeplant. Was Göring der Kriegsmarine eingebrockt hatte, sollte sich in der Bundesmarine nicht wiederholen. Die ersten Sea Hawk-Jets boten mit ihrer Geschwindigkeit ganz neue Möglichkeiten der Kriegsführung. Die kleinen einsitzigen Flieger mit sieben Tonnen Startmasse kamen von der Royal Navy, wo sie als

Trägerflugzeug gedient hatten. Ihre kurze Einsatzzeit bei der Bundesmarine war von einigen spektakulären „Happenings" geprägt, darunter der geschilderte Hakenfang-Bremsversuch und der Irrweg eines Flugzeugs über der DDR.[24]

Vizeadmiral und Marineinspekteur Hans-Joachim Mann betonte im Jahre 1988 die Bedeutung der Seefliegerei: *„Im Rahmen der Ausgewogenheit der Flotte sind die Marineflieger mit ihrer besonderen Fähigkeit zu schnellster Reaktion und Schwerpunktbildung für den Befehlshaber ein unersetzlicher Bestandteil seiner Einsatzmittel, ohne den er seinen Auftrag nicht erfüllen könnte. Nur eine mit modernen See- und Seeluftstreitkräften ausgestattete Marine vermag heute mit vertretbarem personellen und materiellen Aufwand den Frieden erhalten und unsere Freiheit sichern zu helfen."*[25]

Damit deutsche Seeluftstreitkräfte im Fall des Falles auch wirklich Seekrieg in allen drei Dimensionen führen konnten, wurden nach mehreren Übergangslösungen letztlich vier Marinefliegergeschwader in Dienst gestellt.

Starfighter der Marine flogen im Gegensatz zur Luftwaffe ausschließlich als Jagdbomber und Aufklärer. Die beiden Geschwader in Schleswig-Jagel und Eggebek sollten im Einsatzfall die Seeräume überwachen und feindliche Überwasserstreitkräfte oder Landungsverbände bekämpfen. Das Marinefliegergeschwader 2 in Eggebek hatte eine Luftbildstaffel und speziell ausgerüstete Starfighter vom Typ RF-104G (das „R" stand für *Reconnaissance*, Aufklärung). Alle übrigen Marine-Starfighter betrieben „optische Aufklärung": Sobald ihre Piloten ein Schiff, einen Schiffsverband, ein Flugzeug oder einen Hubschrauber des Warschauer Pakts erblickten, meldeten sie den Fund verschlüsselt an das Flottenkommando in Glücksburg.

---

[24]   Am 18. August 1962 flog ein deutscher Sea-Hawk-Jet bei Eisenach versehentlich in den DDR-Luftraum und wurde prompt von einer MiG-21 beschossen. Der Pilot konnte sein erheblich beschädigtes Flugzeug im niedersächsischen Ahlhorn notlanden.

[25]   Inspektor der Marine Vizeadmiral Hans-Joachim Mann, in seinem Grußwort zum Buch *Marineflieger*, Sommer 1988

Marine-Starfighter verfügten neben der Standardbewaffnung über gelenkte Seezielraketen vom Typ AS 20 und AS 30 später auch über den autonomen Seezielflugkörper *Kormoran*. Das Einsatzspektrum des Flugzeugs reichte von Aufklärungsflügen in die Ostsee über Schießplatztrainings an der Küste und im Binnenland bis zu Tiefflug über Land oder zum Luftkampf. Starfighter-Piloten schossen auf geschleppte Luft- und Seeziele, starteten zu Angriffsübungen auf „gegnerische" Schiffsverbände in der Nord- und Ostsee und beobachteten die Aktivitäten von Warschauer-Pakt-Flugzeugen und -Schiffen. Es war ein spannender Mix aus Übung und Ernst, der so überhaupt nur entlang der deutsch-deutschen Grenze und weit über See möglich war. Marineflieger fühlten sich in dieser Hinsicht durchaus privilegiert, zumal sie die „Denke" der Seefahrer kannten; die meisten hatten eine Marineoffiziersausbildung hinter sich und waren eine Weile zur See gefahren.

Überflug auf einem Flugtag im Marinefliegergeschwader 1: eine Bréguet Atlantic in Formation mit F-104G

Young Punk im Geschwader

Am Morgen nach meiner Ankunft in Kropp fuhr ich bei tiefster Dunkelheit mit Oberleutnant zur See Müller, dem S2-Nachrichtenoffizier meiner künftigen Staffel, zum Fliegerhorst Jagel; er lag einige Kilometer vom Unterkunftsbereich in Kropp entfernt. Unser olivgrüner VW-Käfer passierte die Ausweiskontrolle der Hauptwache, und wenig später befanden wir uns vor dem dunkel gestrichenen Gebäude der 1. Staffel. Ich trat neugierig ein, bog links in den Bunker ab und stand nach wenigen Schritten im großen Briefingraum. Zahlreiche Offiziere in Marineuniform unterhielten sich angeregt. (Bei den Marinefliegern wurde großer Wert auf die Ausgehuniform gelegt; ein Erscheinen in Fliegerkombi zum Dienst wie bei der Luftwaffe war nicht gestattet).

Ich meldete mich militärisch bei einem Korvettenkapitän, in der Annahme, dies sei der Chef; er deutete grinsend auf einen anderen Offizier mit drei Ärmelstreifen, der meine Meldung freundlich entgegennahm. Was noch niemand ahnen konnte: Der „falsche" Kapitän K. sollte sich nur wenige Stunden später seinen Starfighter per Schleudersitz verlassen – reichlich viel Action für meinen ersten Arbeitstag bei den Marinefliegern.

Das Briefing begann mit den Worten des Einsatzoffiziers; ihm folgte der Wetterbeamte S. mit dem Geschehen über Nord- und Ostsee. Im Anschluss führte der Sicherheitsoffizier ein kurzes Erkennungsquiz über Flugzeuge und Schiffe des Warschauer Pakts durch, bevor der Flugsicherheitsoffizier ein technisches Notfallthema präsentierte. Schließlich meldete sich wieder der „Einsetzer" mit dem Tagesflugplan. Auf der Leinwand erblickte ich meine Abkürzung STÜ neben der des Staffelkapitäns. Mein Herz machte einen Freudensprung – ich durfte gleich am ersten Tag meinen Einweisungsflug machen.

Mittlerweile war es halb sieben geworden, und alle gingen zum Frühstück in die *Lounge*, einen gemütlichen Aufenthaltsraum. Ich nahm neben meinen neuen Kameraden Platz, die mich mit mäßigem Interesse musterten. Ich spürte: als *Young Punk* (frei übersetzt: junger Nichtsnutz) würde ich Monate brauchen, bis ich halbwegs sinnvoll mitarbeiten konnte. Aus der Küche warf mir Frau Mohrmann einen mütterlichen Blick zu, der zu sagen schien: *iss erstmal dein Frühstücksei, das wird schon werden.*

Im Flugbriefing deutete der Chef auf unser vorgesehenes Einsatzgebiet und erläuterte seine Flugabsicht, etwas Instrumentenflug über Schleswig-Holstein mit einem Abstecher nach Niedersachsen. Dann packten wir unsere Flugunterlagen und legten die Fliegerbekleidung an. Zum Schluss übergab uns Herr Panitz, der für Ausrüstung zuständige Zivilangestellte, Schwimmweste und Helm.

Vor dem Staffelgebäude wartete schon der VW-Bus zur Flightline. Es hatte inzwischen zu Dämmern begonnen, und ich konnte auf dem großen Flugplatz Umrisse von Hallen und runden Flugzeugschutzbauten erkennen. Der Bus hielten an einer TF-104 G, die im Freien abgestellt war. Ein fröstelnder Wart machte dem Chef Meldung; ich kletterte über die vordere Leiter in mein Cockpit.

War ich wirklich nur ein paar Tage nicht geflogen? Das Innere des Marine-Starfighters sah gleich und doch irgendwie anders aus als bei der Luftwaffe. Ich sah ein Frequenzschildchen mit ungewohnter Aufschrift, auch der Rest wirkte ein wenig fremd; es musste wohl das Lampenfieber sein.

Wir ließen das J-79-Triebwerk an, rollten zur Startbahn 23 und waren schon bald in der Luft. Der Chef übernahm den Flieger und führte uns in ein Gebiet über Schleswig-Holstein, wo er „Lockerungsübungen" machte; dann übergab er mir die Kontrolle. Froh, mal wieder einen Steuerknüppel in der Hand zu haben, vollführte ich die gewünschten Manöver zur Zufriedenheit des Chefs.

Schon schwebten wir zur ersten Übungslandung in Schleswig an und ich drückte den Fahrwerkshebel runter. Gleich mussten drei grüne Lichter aufleuchten und signalisieren, dass Haupt- und Bugfahrwerk *down and locked* (ausgefahren und verriegelt) waren. Doch was war das? Eines der verdammten Lämpchen leuchtete nicht grün, sondern rot. Ich bekam einen Schreck: die Räder der F-104 waren so angeordnet, dass sie nur gemeinsam den sicheren Geradeauslauf auf der Start- und Landebahn garantierten. Sobald eines der beiden großen Hauptträder fehlte, musste das Flugzeug nach dem Aufsetzen ziemlich sicher zur Seite kippen und mit einem Affenzahn in den Acker rauschen – den Rest konnte man sich ausmalen.

Gedanken an vorzeitiges Heldentum durchzuckten mein Hirn, und ich überlegte, was wohl zu tun war. Mein Chef meinte aber nur gelassen: *„Rolf, fahren Sie das Gear doch mal ein und wieder aus!"* Bei den Marinefliegern wurde man von Vorgesetzten mit dem Vornamen und „Sie" angeredet, das hatte man von den Angelsachsen übernommen. Gesagt, getan – schrumm! Das Fahrwerk war draußen und verriegelt, schon hatten wir „drei Grüne" und mein Puls ging wieder runter. In meine Erleichterung ertönte die Stimme des Chefs aus dem Kopfhörer: *„Nicht immer hält das rote Licht, was es dem Wandersmann verspricht."*

Der Fliegerhorst Schleswig-Jagel, Anfang der 1960er Jahre.

Die 1. Staffel des Marinefliegergeschwaders 1, ohne den Verfasser

Die 2. Staffel Marinefliegergeschwader 2

Der Verfasser vor dem Alleinflug in der Cessna T-37, Texas 1977...

...und bei der Flugvorbereitung

16-Ship F-104G auf dem Flugtag des MFG 1, 23. Juli 1978

In Reih´ und Glied – Starfighter des MFG 1 in Jagel

Die letzte F-104 des Verfassers, aufgenommen am 23.7.1978

Ein Gast auf der internationalen Luftfahrt-Ausstellung in Hannover, 30.4.1980

Aus der Froschperspektive

Als junger Staffelpilot im MFG1 war ich ein kleines Rädchen in einer großen Organisation; die *Chain of Command*[26] war seit Anfang der 1960er Jahre einheitlich für alle Bundeswehrgeschwader gegliedert. Meine nächsten Vorgesetzten waren der Einsatzoffizier der ersten Staffel und der Staffelkapitän. Beide Staffeln unterstanden der Fliegenden Gruppe, geführt von einem Fregattenkapitän. Dessen Vorgesetzter war der Geschwaderkommodore, ein Kapitän zur See. Er trug als Herr über den gesamten Fliegerhorst zugleich Verantwortung für die Technische Gruppe und die Fliegerhorstgruppe. Der Personalumfang des ganzen Flugplatzes, in Friedenszeiten rund 1500 Soldaten und Zivilisten, konnte laut STAN[27] im Verteidigungsfall mit aktivierten Reservisten auf über 2000 Leute anwachsen.

Alle Fliegergeschwader der Bundeswehr besaßen nach der Reorganisation auch eine zentralisierte Technik. Das war ein wichtiges Merkmal, denn vorher hatten alle Staffeln eigene Techniker, wie noch heute manche ausländischen Luftwaffen und Marinefliegergeschwader. Geschwader – englisch: *Wings* – rangieren militärisch auf Regimentsebene. Die nachgeordneten Gruppen entsprechen Bataillonen, ihre Staffeln Kompanien. Unsere beiden Jetgeschwader MFG 1 und 2, das Seenotrettungsgeschwader MFG 5 und das MFG 3 mit den Bréguet-Atlantic-Seefernaufklärern unterstanden dem Kommandeur der Marinefliegerdivision in Kiel, einem Flottillenadmiral. Er flog aktiv in einer der ihm unterstellten Fliegerstaffeln. Sein Vorgesetzter im Flottenkommando in Glücksburg war meist Konteradmiral, die nächsthöhere Instanz der Inspekteur der Marine. Der Generalinspekteur der Bundeswehr, oberster militärischer Vorgesetzter aller Soldaten, konnte von Heer, Luftwaffe oder Marine kommen.

---

[26]   Chain of Command = Befehlshierarchie

[27]   STAN = Stärke- und Ausrüstungsnachweis, Sollstärke

On the Job Training: die LCR-Schulung

Moderne Navigationssysteme nehmen dem Flugzeugführer viel ab. Militärflieger müssen jedoch immer in der Lage sein, nach Sicht zu navigieren.

„Max" Maxwitat, MiG-21-Fluglehrer der NVA-Luftstreitkräfte

Ich begann die Schulung zum *Limited Combat Ready (LCR) Pilot*. *Limited* klingt wie Schmalspur, doch obwohl erst *Combat Ready Pilots* als richtig erwachsen galten, erwartete mich ein ziemlich vollgestopftes Trainingsprogramm.

Marinetaktik kannte ich noch von Schiffen; im Fliegergeschwader gab es weitere Waffen und besondere Verfahren. Der wichtigste Unterschied zu einem Starfighter-Geschwader der Luftwaffe war natürlich, dass die Marine meist über See flog. Der Eiserne Vorhang hing direkt vor unserer Haustür, und die DDR-Küste mit ihrer Drei-Meilen-Zone, den Radarketten und Abfangjägern lag zum Greifen nah. Nach wenigen Flugminuten konnte man Ostblockschiffe und Flugzeuge sehen und aus größeren Flughöhen weit in den damals so genannten Arbeiter- und Bauernstaat hineingucken.

In den folgenden Wochen machten meine Ausbilder mit mir Tiefflug, was das Zeug hielt. Sie wurden Leh, Paule oder Knödel gerufen, nicht *Razor* oder *Wild Man* wie bei den Amis, denn dies war schließlich eine deutsche Fliegerstaffel. Für mich blieben sie fürs Erste *Herr Kaleu* oder *Herr Kap'tän* und gaben sich alle Mühe, dem Youngster zu zeigen, wo der Hammer hing. Knödel, ein jovialer Korvettenkapitän mit beeindruckender Flugstundenzahl, jagte mich durch die Nordsee und zog enge Nachbrennerkurven, um mich abzuschütteln. Paule, ein Raubein mit Kinnbart, flog mit mir auf den Schießplatz von Terschelling und achtete darauf, dass wenigstens einige meiner Übungsbomben und Raketen im Zielkreis der Nordseeinsel landeten.

Leh und ich waren auf einem Übungsflug über die Ostsee, wo wir mit unseren einsitzigen Starfightern einige Marineschiffe „besucht" hatten – das heißt, wir waren mit einem Affenzahn darüber gebraust. Plötzlich drehte mein Ausbilder seinen Starfighter mitten im Dunst um. *„Can you take me home?"*, tönte es fragend aus dem Kopfhörer. „*Affirmative*[28]", behauptete ich und schraubte nervös an meinem Trägheitsnavigationsgerät herum. Ich hatte an Lehs Wing nicht auf unseren Flugweg geachtet; nun war ich auf Karte, Kompass und mein Glück angewiesen. *Nur nicht in die DDR fliegen,* dachte ich und ging sicherheitshalber auf Westkurs. Bald erschienen zu meiner großen Erleichterung die Umrisse von Rügen auf dem Radar. Ich umrundete in respektvollem Abstand die DDR-Küste, führte Leh wie vorgesehen in Formation nach Hause und war wenig später wohlbehalten in Schleswig gelandet. Mein Navigationsdilemma behielt ich für mich.

Nach und nach lernte ich unser Einsatzgebiet kennen, vor allem die Nord- und Ostsee, Dänemark, Norwegen und natürlich Deutschland. Schon bald pflegten junge LCR-Schüler Übungsangriffe zu machen - auf eigene Kriegsschiffe und ganze Schiffsverbände, Leuchttürme und Feuerschiffe, Brücken und Bauwerke. Wir machten Aufklärungsflüge in der Ostsee, düsten zu Schießeinsätzen auf den NATO-Ranges List (auf Sylt), Terschelling und Vlieland (Niederlande) und Decimomannu (Sardinien) und trainierten im Tiefstflug über See Abfangjagd gegen eigene „Angreifer". Marineflieger übten häufig die Zusammenarbeit mit den Seefahrern, nahmen im Rahmen von Manövern an taktischen Schießeinsätzen und NATO-Überprüfungen (TAC EVAL[29]) teil, die durch Übungsalarme gründlich vorbereitet wurden.

---

[28] Affirmative (heute: affirm) = Zustimmung in der Funksprache (im Gegensatz zu „negative")

[29] TAC EVAL = Tactical Evaluation, taktische Überprüfung durch NATO-Spezialisten

Wer das LCR-Programm noch nicht abgeschlossen hatte, wurde gern mal allein auf einen *High-Level-Trip*[30] geschickt. *„Kommen Sie Freitag wieder"*, meinte der Staffelkapitän eines Tages, als Schleswig mal wieder im Dunst lag und an Tiefflugausbildung nicht zu denken war. Das ließ ich mir nicht zweimal sagen: Ich bestieg den Starfighter und verschwand gen Süden. Am ersten Tag landete ich bei meinen US-Kumpel Cliff auf der US-Basis Bitburg, der zu meiner Zeit in Arizona ausgebildet worden war und nun bei der Bulldog-Squadron als F-15-Pilot flog. Am nächsten Tag trank ich im Fliegerhorstkasino von Nörvenich ein Bier mit Reinhard aus dem 104-Lehrgang vor mir. Dann seilte ich mich nach Bayern ab. Mit ein paar Stunden mehr im Flugbuch kehrte ich am Freitag wie befohlen ins immer noch trübe Schleswig zurück.

Ein angehender LCR-Pilot musste bestimmte handwerkliche Dinge beherrschen, die zu den Einsatztaktiken der Marineflieger gehörten. Starts wurden in großen und kleinen Formationen gemacht; bei schlechtem Wetter in Teams aus je zwei Flugzeugen, die 20 Sekunden nacheinander unter Radarführung in die Luft gingen und durch die Wolken ins Einsatzgebiet geführt wurden. Leader und Wingmen flogen je nach Wetter in enger oder lockerer Formation. Ich lernte, was *Escorts* (bewaffnete Begleiter einer Angriffsformation) zu tun hatten und wie man als Führer von Massenformationen 16 Maschinen sicher von A übers Angriffsziel nach B brachte. Oft war im weit entfernten Einsatzgebiet gutes Wetter; dann flog die Formation *High-Low-High* – unter Radarführung in größerer Höhe bis kurz vors Ziel, dann Tiefflug und hoch wieder zurück. „Hoch" zu fliegen bedeutet bei allen Jets stets auch, erheblich Sprit zu sparen.

Wer schon eine Weile F-104 flog, konnte ihre Stärken voll auskosten, ohne dauernd an Limits denken zu müssen – der Starfighter war ein Traumflieger. *„Sie reagierte auf die kleinsten Steuerknüppel- und Gashebelinputs"*, schwärmt Ringo Suhr. *„Wenn erforderlich, benahm sie sich wie ein losgelassener Tiger."* Fluglotsen und Piloten freuten sich gemeinsam an den sagenhaften Steigraten, wenn aus

---

[30]   High-Level-Trip: reiner Instrumentenflug (IFR) ohne Tiefflug- oder Sichtfluganteil

„Verkehrsgründen" mal wieder ein *Burner Climb* auf 25.000 Fuß nötig schien und der Pilot den Flieger mal eben kurz in die Senkrechte stellte. Zum Vergleich: Airliner steigen, wenn sie leicht sind, mit 1000 bis 2000 Fuß pro Minute; eine F-104 schaffte mehr als das Zehnfache.

Walter Dodel schildert Erlebnisse auf technischen Flügen:

„Welche Performance das Flugzeug hatte, wurde mir immer wieder vor Augen geführt, wenn ich mit der cleanen F-104 (ohne Waffenträger oder Außenlasten) nach einem Tragflächen- oder Triebwerkwechsel den anschließenden Werkstattflug (WF) durchzuführen hatte. Nach dem Abheben musste ich sofort das Fahrwerk einfahren[31]. Dann machte ich eine Linkskurve Richtung Nordholz und musste die Nase extrem nach oben nehmen, um nicht mit „full burner cooking" in den Überschall zu gehen (geplant waren 0,9 Mach); die Glasermeister in unserer Gegend hatten sowieso genug zu tun. Bei 10.000 Fuß musste man alle Triebwerkswerte ablesen und hurtig, aber möglichst leserlich, mit Fettstift aufs Kniebrett kritzeln, bei 20.000 Fuß nochmal. Zwischendurch lief die Konversation der Abflugkontrolle (C) mit dem Piloten (P):

C: Call me 10.000 feet.

P: Bin schon durch!

C: Then call me 20.000 feet.

P: Bin auch schon durch.

C: Give me your climb rate.

P: Don't know, needle is pegged[32].

Jetzt rechtzeitig an den level-off in 36.000 Fuß denken, dazu die Maschine 4000 Fuß vorher auf den Rücken legen und ziehen, um die Höhe nicht zu überschießen. Anschließend eine Rechtskurve Richtung Norden und die

---

[31]   Bei der „Europäisierung" in Jever auf der F-104 F wurden bis 1971 einige Piloten abgelöst, weil sie es nicht schafften, das Fahrwerk vor dem Erreichen der „gear door limit speed" einzufahren.

[32]   pegged = am Anschlag

Zeit zwischen 1,1 und 1,4 Mach stoppen, dabei den Ball[33] trimmen, trimmen, trimmen, damit die Maschine geradeaus fliegt und ja nicht schräg

schiebt – dies tat sie aufgrund des leicht seitlich versetzten Fanghakens. Absoluter Geradeauslauf war wichtig, um einen Kompressorstall, einen Schluckauf des Triebwerks zu vermeiden – denn der klingt, als würde einer mit dem Vorschlaghammer gegen das Flugzeug dreschen. Das weckt einen so richtig auf!"

Walter Dodel, Korvettenkapitän a.D., Jahrgang 1943, trug unter Fliegern den Spitznamen „Sir Walter", weil er öfters mit brauner Weste, Schlips und Kragen („meine Frau ist Künstlerin und hat Geschmack") und nicht im Fliegerkombi an der Bar erschien. Da Schnellboote ihm mit 40 Knoten nicht schnell genug waren, ging Dodel in die Starfighter-Ausbildung. Später wurde er Fluglehrer, bildete auch in England Crews auf dem „Tornado" aus und beschloss seine beeindruckende Laufbahn als Instruktor an der Lufthansa-Verkehrsfliegerschule Bremen.

---

[33]   Der „Ball" gehört zum Wendezeiger (Turn-and-Slip-Indicator) und funktioniert wie die Kugel einer Wasserwaage. Er zeigt die korrekte Seitenruder-Trimmung an.

Tiefflug

Für Young Punks ist es ungewohnt, sich mit 450 Knoten Reisegeschwindigkeit (833 km/h) auf eine Flughöhe von 500 Fuß über Wasser (150 Metern) hinunter zu tasten - und das ist bloß der Wert für Anfänger.

Das Militärische Luftfahrthandbuch Deutschland (Mil AIP) listet die Mindesthöhen auf: *„100 Fuß bei bewegter See und erkennbarem Horizont sowie Benutzung eines Radar-/ Radiohöhenmessers, 500 Fuß in allen übrigen Fällen."*

Das waren im Extremfall 30 Meter über dem Meer, bei Reisegeschwindigkeiten von 450 Knoten und Übungsangriffen bis zu 540 Knoten (1000 km/h). Die Standardhöhe für Marineflieger über See war 200 Fuß bei Tag und 500 Fuß bei Nacht. Alle Kurven wurden mit mindestens 60° Schräglage *(Bank)* geflogen. Um den normalen Auftriebsverlust in einer Kurve mit 60° Bank auszugleichen und den Donnervogel auf Höhe zu halten, muss der Pilot 2 g ziehen, verspürt also das Zweifache seines Körpergewichts. 70 Grad Schräglage entsprechen knapp 3 g. Im Tiefflug als Teil einer Formation empfand ich Höhe halten und Kurven anfangs als schwierig, denn der Horizont war nicht immer gut zu sehen und man hatte ja noch andere Dinge zu beachten.

Eigentlich müssen die Augen des Piloten überall sein. Schon auf der Tiefflugstrecke zum Ziel sind sie allerdings mehr zur Seite und nach hinten gerichtet als nach vorn, um den Luftraum nach gegnerischen Maschinen abzusuchen. Einige Meter über dem Wasser müssen bei solchen Geschwindigkeiten als dünnes Luftpolster genügen. Wenn man nur für eine Sekunde nicht aufpasst, riskiert man sein Leben. Piloten werden darum durch ausgiebiges Training schrittweise „tiefer gelegt", bis sie in 100 Fuß (30 Metern) herumturnen können. Wer nach einer Stunde Tiefflug auf dem Heimweg wieder auf 1000 oder 2000 Fuß hochzieht, fühlt sich wie im Airliner – und sitzt für einen potentiellen Gegner förmlich auf dem Präsentierteller.

Sinnestäuschungen über Wasser sind besonders heikel. Bei längeren Kurven als „Flügelmann" einer Formation, wenn man nur zum Leader blickt, spielt das Gleichgewichtsorgan verrückt. Dunst verdeckt den Horizont, und nachts gaukeln Sterne eine schräge Horizontlinie vor. Das Hirn lässt kleine stationäre Lichter plötzlich durch Autokinese in Bewegung geraten; die Entfernung zum Neben- und Vordermann einer Formation lässt sich nur schlecht abschätzen.

Starfighter in 200 Fuß (60m) Höhe mit 450 Knoten über der Ostsee

Navigation und andere Tücken

Der Starfighter besaß natürlich noch kein GPS, aber das damals revolutionäre Trägheitsnavigationssystem Litton LN-3; so etwas hatten anfangs nicht einmal Linienflugzeuge. Damit konnte man auch im Tiefflugdunst, nach ausgedehnten Abfangübungen mit reichlich g-Kräften, wieder auf die geplante Route zurückfinden. Ein Schalterdreh ließ den Cockpit-Zeiger in Richtung Ziel weisen; 12 Navigationspunkte konnten mit kleinen Plastikkämmen „eingespeichert" werden, deren nummerierte „Zähne" entsprechend den Koordinaten mit einer Spezialzange abgeknipst wurden. Die Kämme verschwanden in einer kleinen Box mit Wegpunkttrommel und Drehknopf, die wiederum in eine passende Geräteöffnung an der rechten Cockpitseite glitt. Das LN-3 schaffte bei Idealbedingungen – ohne viel Kurverei im Flug – eine Genauigkeit von ein bis zwei nautischen Meilen nach dem Einsatz, was zur damaligen Zeit ein Spitzenwert war.

Unsere gefiederten Freunde hatten schon etliche der einmotorigen Marinejets zur Strecke gebracht; eindrucksvolle Fotos zeigen zerstörte Cockpitscheiben, verbogene Triebwerksschaufeln und geschredderte Vogelreste. Vögel machen bekanntlich sogar Nachtflug und steigen auf beträchtliche Höhen; erst auf Luftstraßen-Niveau scheint man vor den Flattermännern sicher.

Oft war nach längerem Tiefflug über See meine vordere Cockpitscheibe durch Salz undurchsichtig geworden wie Milchglas. Dagegen gab es ein probates Mittel: Ein kleiner Regenschauer machte alle Maschinen der Formation wieder blitzblank für den Heimweg. Klappte die „Waschstraße" nicht, musste man wegen der Salzkruste halt im Landeanflug rechts oder links aus dem Fenster schauen. Bei etwas Seitenwind konnte der Pilot durch die Schrägsicht – der Flieger dreht ja immer in den Wind – die Landebahn erspähen.

Tiefflug über Land hat auch seine Tücken. Dort gibt es zwar mehr optische Umgebungseindrücke rechts und links des Flugweges, dafür wechselnde Geländekonturen und gefährliche, plötzlich auftauchende Hindernisse. Die Luftfahrtkarte der dicht besiedelten Bundesrepublik zeigte einen Flickenteppich von

Flugplatzkontrollzonen, in die man nur mit Genehmigung einfliegen durfte. Unterwegs war die Luft „eisenhaltig" und voller Flugzeuge von der kleinen Cessna bis zum Kampfjet.

Marine-Starfighter flogen etwa jeden 5. Einsatz auch über Land.

Still und leise unterwegs

Zu den ehernen Grundsätzen der Militärflieger gehört, von Einsätzen nicht zu viel Wind zu machen. Schon ein kurzer Mikrofonklick am Boden kann die ganze Formation verraten, denn allzu leicht lässt sich der Sender einpeilen. Wenn der Gegner schon den Flugplan abgefangen hat, soll er wenigstens keine Funksignale hören und Radarstrahlung analysieren. Kontrollierte Ausstrahlung heißt in der Fernmeldesprache *Emission Control* oder *EMCON*. Das kontrollierte Senden bedeutet eine gezielte Selbstbeschränkung auf die allernötigsten elektromagnetischen Ausstrahlungen. Funkgeräte, Transponder[34] und Radars der Flugzeuge und Schiffe haben eigene „Signaturen". *Electronic Libraries (ELIBs)* auf Speicherchips haben die Daten und ermöglichen einen Schnellcheck auf Freund oder Feind.

Schon in den 1970er-Jahren wurden Jets selbst im Tiefstflug vom fast flächendeckenden Gegnerradar entdeckt; da mochte man sich nicht noch durch verräterische Strahlung ankündigen. Lektion Eins also für jeden fliegenden Neuling: Nur das Nötigste senden! Ohne einen Mucks starten die Jets, in der Luft nimmt jeder schweigend seine Position ein. Der Leader navigiert und „strahlt" nur kurz vor dem Ziel mit den nötigsten Ortungsgeräten; ebenso geht es zurück. Nur wenn ein Angreifer die Formation *bounced*[35], unterbricht der dann folgende Luftkampf die Funkstille. Vor der Landung sortieren sich stumm die Flugzeuge, und der jeweilige Rottenführer signalisiert dem Piloten im Nachbarcockpit per Handsignal (Vorbereitung) und Kopfnicken (Ausführung) das Ausfahren von Fahrwerk und Landeklappen.

---

[34]   Transponder = Abfrage- und Antwortgeräte

[35]   to bounce a formation = in eine Formation platzen

Selbstschutz im Tiefflug

Taktischer Verbandsflug, Angriff und Luftkampfmanöver gehören seit jeher zum Basiswissen aller Kampfpiloten. Doch was macht gerade Formationsfliegen so bedeutsam? Zum Beispiel die bessere Rundumsicht. *„Lasse den Gegner nicht aus den Augen"*, riet schon Oswald Boelcke. Ein Kunststück, vom engen Fighterjet-Cockpit aus den Luftraum zu sichern und derweil bei gut 500 Knoten im Tiefstflug nicht die „Springfichten" zu berühren. Besser ist es, wenn ein anderer mit absichert – in Zweierrotten, Viererschwärmen oder größer zusammengesetzten Formationen, wo zum Beispiel aus riesigen Boxen mit meilenweitem Abstand das Hinterteil (die *six o'clock*) eines anderen Fliegers besser beobachtet werden kann.

Das Training, ausgehend von der anspruchsvollen Ausbildung in enger Formation, beginnt mit der Rotte. Der Nachwuchspilot lernt, Entfernungen abzuschätzen, mit dem richtigen Timing als Außen- oder Innenmann einzudrehen und blitzschnell seine Position wieder einzunehmen – stets mit dem Blick nach draußen, zur „six" seines Nebenmanns. Nach einer Lehrzeit als „Rottenknecht" wird er selbst Rotten- und später Schwarmführer. Diese komplexen Jobs beinhalten die sichere Führung des ganzen Verbands bei jedem Wetter zum Ziel und zurück.

Formationen waren bis in die 1950er-Jahre nur durch gegnerische Flugabwehr- und Bordkanonen anderer Flugzeuge bedroht; später mussten sich Piloten jederzeit auf Infrarot- und Radarflugkörper gefasst machen. Elektronische Gegenmaßnahmen und abwerfbare Stanniolstreifen (*Chaff*, Düppel) oder Magnesiumleuchtkörper (*Flares*) boten einen begrenzten Eigenschutz.

Unter Fliegern gilt es als besondere Ehre, mit einer *Lost Wingman*-Formation in die ewigen Jagdgründe verabschiedet zu werden. Dabei fliegt ein Viererschwarm horizontal an, der Führer der zweiten Rotte zieht genau über der Trauergesellschaft steil nach oben. Formationen haben neben anderen guten Eigenschaften eben Stil, nicht nur auf großen Flugtagen.

Waffenausbildung bei den Marinefliegern

Wenn man ruhig und sauber fliegt, gehen die Bullets auch ins Ziel.

Walter Dodel

Unsere mögliche Waffenbeladung, im Übungsflugbetrieb simuliert, bestand je nach Auftrag aus ungelenkten Raketen gegen Kleinboote, 1000-Pfund-Bomben gegen große Hilfsschiffe wie Tanker, Werkstattschiffe, Versorger und Kormoranflugkörper gegen große Kriegsschiffe. Luftziele waren mit Sidewinder-Raketen und Bordkanone zu bekämpfen.

Wir flogen jede Woche zum Schießplatz, warfen Übungsbomben und ließen die Bordkanone rattern – das gehörte zum Handwerk wie das militärische. Gern wären die meisten ein- bis zweimal pro Woche zum Schießen geflogen, doch das klappte schon aus Wettergründen nicht immer. Ranges sind meist abgelegen, unbewohnt, manchmal voller seltener Tiere und Pflanzen – richtige Ballerbiotope. Zu F-104-Zeiten gab es zwischen Siegenburg und Sylt zahlreiche Luft-Boden-Schießplätze, weitere in unseren Nachbarländern.

Ranges verfügen über einen Kontrollturm und diverse Ziele: Da gibt es große Kreise für Übungsbombenabwürfe, rechteckige Leinwände mit akustischer Trefferzählung für das Kanonenschießen, manchmal auch ausrangierte Laster, Panzer oder Flugzeuge. Markierungslinien am Boden (Run-in-Lines) führen ins Zielgebiet.

Der Flugbetrieb läuft wie ein Uhrwerk in 20-Minuten-Blöcken. Vier Jets kreuzen kurz nacheinander auf und beginnen meist mit sogenannten *Level Bomb Runs.* Dabei düsen sie in Kniehöhe (bis runter auf 50 Fuß oder 15 Meter) mit 480 Knoten (rund 890 km/h) über das Ziel und werfen leichte Übungsbomben ohne Sprengkörper ab; dann ziehen sie nacheinander hoch in die Platzrunde. Es folgen Übungsabwürfe mit 10 Grad Bahnneigung, steilere 20-Grad-Anflüge

Hier einige Waffen und Übungsmunition der F-104g. Die Bewaffnung des Marine-Starfighters. 1 x 20-mm-Gatling-Kanone M61A1 VULCAN, Luft-Luft-Raketen AIM-9B Sidewinder, Ungelenkte Raketen und Bomben, Luft-Schiff-Flugkörper Kormoran, anfangs Lenkflugkörper AS.20, AS.30

20mm-VULCAN-Kanone, Kadenz 6000 Schuss pro Minute

und schließlich das Kanonenschießen, das *Strafing*[36] – alles in einer engen Kette von vier hintereinander fliegenden Jets, die sich nie außer Sicht verlieren dürfen, sonst wird das Treiben sofort unterbrochen. *„In hot!"*, ruft der Pilot beim Einrollen zum Endanflug. Gleich kommt Munition! Der Rangetower, besetzt mit einem erfahrenen Piloten, funkt nach jedem Run das Ergebnis; die Flieger notieren es auf den Kniebrettern.

Range Work ist eine schweißtreibende Angelegenheit. Die Piloten müssen neben der anspruchsvollen Fliegerei unter g-Beschleunigung Waffenschalter und Bordkamera bedienen, funken und schreiben. Wer nicht aufpasst, vergisst einen Knopf zu drücken, verliert den Vordermann oder rollt zu flach oder steil ein – schon fällt die Übungsbombe zu kurz oder weit, prasselt die Kanonenmunition am Tuch vorbei. Wer zu spät abfängt, riskiert den vorzeitigen Check-in beim Sensenmann, denn manche Einsätze bringen eben hohe Sinkraten mit sich. *„Wir haben in 2400 Fuß angefangen zu schießen und in 1700 Fuß aufgehört"*, denkt Walter Dodel an das Kanonenschießen zurück. *„Manche schossen noch bis unter 1600 Fuß; die mussten dann sehen, dass sie noch abfingen und keine Querschläger abkriegten."*

Aus der Ferne sehen Rangeflieger aus wie Raubvögel, die aus dem Kreis auf ihre Beute herabstoßen; das stimmt ja auch irgendwie. Nach dem anstrengenden Tun kommt den aufgeputschten Piloten der Heimweg zur Basis jedenfalls wie ein Airlineflug vor.

Jeder Pilot kennt die Schmach schlechter Schießergebnisse und den Spott der Kameraden. Am Jahresende wird abgerechnet, dann werden wieder Top Guns und „Schlumpschützen" benannt. Was tun, wenn bei einem Piloten der Groschen auf der Range einfach nicht fällt? Manchmal hilft ein erfahrener Rangecontroller aus der Patsche. Er sagt, wann der Pilot auf den Auslöseknopf drücken soll: *„Standby to pickle... pickle now! Bullseye – I told you!"*[37]

---

[36] *Strafing* (das Schießen mit der Bordkanone): dieser Begriff wurde vom deutschen „Gott strafe England" ins Englische übernommen, einem Spruch des deutsch-jüdischen Dichters Ernst Lissauer (1882–1937) aus dem 1. Weltkrieg.

[37] Warte mit dem Abdrücken... jetzt! Volltreffer – ich hab´s doch gesagt!

Noch dichter am Marine-Geschehen ist das Schießen auf geschleppte Seeziele, so genannte Sprüh- oder Splash-Targets. Ein 4 mal 10 Meter großes Stück Segeltuch wird irgendwo im Schießgebiet bei Helgoland auf einem Ponton hinter dem Marineschlepper mit langsamer Fahrt hergezogen, und der Pilot soll es mit seinen Bordwaffen bekämpfen. Wegen des Risikos, Schlepper und Ziel zu verwechseln, fährt das Schleppfahrzeug in angemessenem Abstand vor der Stoffbahn her.

Eine typische Angriffswaffe unserer Zeit war die französische AS-20-Rakete, für die es einen primitiven Simulator in der Staffel gab. Sie wurde mit einem Joystick von der rechten Hand gesteuert, während die linke den Knüppel der F-104 bewegte. Eine dritte Hand zum Gas geben hatte man nicht, also musste die „Fahrt" möglichst vorher präzise auf Angriffsgeschwindigkeit stehen und dort bleiben.

Waffenschaltbrett im Cockpit: alle Funktionen werden hier zentral angewählt. Der rote Schutz sichert den Hauptschalter.

Das genaue Einhalten von 200 Fuß Flughöhe und 480 Knoten Speed war bei böigem Wetter schon eine Aufgabe für sich; nun kam noch der AS-20-Joystick hinzu. Kaum war die Rakete fauchend vom Träger gezischt, musste man ihre Flugbahn nach Sicht so lenken, dass sie nicht zu kurz oder zu lang kam. Der flache Flugweg der AS-20 war sehr schwierig einzuschätzen. Oft genug rauschte das Ding kurz vor dem Ziel ins Wasser.

Der Flugkörper AS-34 „Kormoran" war das Glanzstück unseres Waffenarsenals, das ansonsten bis auf die treffsichere Gatling-Gun altbacken wirkte. Der Kormoran war eine Abstandswaffe; man musste das Ziel nicht überfliegen. Da man die Rakete außerhalb der gegnerischen Rohrwaffen auslösen konnte, bot sie einen gewissen Selbstschutz. Sie war so unglaublich teuer, dass junge Piloten nicht daran dachten, je so ein sündhaft kostspieliges Geschoss zur Übung abzufeuern. Immerhin, einige wenige konnten sehen, was so ein Monster anrichtete. Walter Dodel:

„Welche Wirkung sie hatte, konnte ich an dem Fletcher-Zerstörer Z1[38] *beobachten, der 1978 zu Beschussversuchen ohne brennbare Materialien an Bord nach Kreta geschleppt worden war. Mein Kommandeur und ich fuhren mit einem Boot der griechischen Marine zum Schiff, um das Ergebnis des Beschusses zu dokumentieren. Wir kletterten die Wanten hoch, liefen durch das Schiff nach vorne, öffneten ein Schott nach dem andern und standen plötzlich buchstäblich vor dem Nichts – vom Kiel bis zum Deck, auf dem einmal die Geschütze waren, von der linken bis zur rechten Bordwand, im Radius von etwa 8 bis10 Metern: nichts ... Dickste T-Träger waren wie mit dem Rasiermesser durchtrennt. Zum Glück mussten wir diese Waffe nie anwenden. Außen ein kleines Einschussloch, aber innen ..."*

---

[38]   Zerstörer 1 (Z1) der Bundesmarine, Fletcher-Class, Kennzeichen D 170, ex USS ANTHONY. Fletcher-Class-Zerstörer waren die ersten der Bundesmarine.

Luft-Luft-Schießen

Fliegerass Oswald Boelcke notierte am 8. Januar 1916, er habe einem abgeschossenen Engländer im Lazarett *„englische Bücher und Photographien von seinem Flugzeug gebracht. Er freute sich sehr darüber."*[39] Luftkämpfe konnten im Ersten Weltkrieg ritterlich enden: Klemmte der Verschluss der Kanone, flog der Gegner schon mal grüßend vorbei.

Unsere AIM-9B „Sidewinder" war eine Infrarotrakete mit 20 Sekunden Flugzeit, die auf mittlere Distanz (maximal 2,5 Meilen) aus dem Bereich hinter dem Gegner abgefeuert wurde.

„Wir beknallten uns, rutschten übereinander weg, aber keine traf den anderen", schrieb Oswald Boelcke vor fast 100 Jahren. *„Wenn man aufeinander zufliegt, summieren sich die Geschwindigkeiten, so dass man nie etwas trifft."*[40]

Starfighter-Piloten übten das Kanonenschießen auf ein geschlepptes Ziel, den *Dart*. Das Schleppflugzeug zog gemächliche Platzrunden, während der Schütze mit Fahrtüberschuss auf den Holzpfeil hinabstieß und die „Brause" aufmachte. Manchmal schoss einer der Piloten das Schleppkabel durch, und der Dart fiel ins Meer. Im echten Luftkampf hätte der Angegriffene versucht, den Gegner auszumanövrieren – zum Beispiel mit Fassrollen, die den Waffenrechner der gegnerischen Rakete an sein Limit brachten und durch *Chaff* und *Flares*, die eine bereits in der Luft befindliche Rakete abgelenkt hätten. Heute ist der Frontalangriff Realität. Eine moderne Luft-Luft-Rakete, die auch auf dem Hacken kehrtmachen kann, kurvt mit unglaublichen 70 g Belastung, achtmal so viel wie im Jagdflugzeug.

---

[39] *Hauptmann Boelckes Feldberichte*, Verlag Friedrich Andreas Perthes A. G., Gotha 1917, S. 54.

[40] *A. a. O.*, S. 72.

Pilotenalltag

Tagsüber wurde zusammen geflogen, abends gesoffen und gesungen.

Jo Rammer

Schnelle und langsame Fliegerei

Jeder konnte sich - und kann sich heute - mit den nötigen Grundqualifikationen zum fliegerischen Dienst der Bundeswehr bewerben. Letztlich entscheiden medizinische Tauglichkeit, psychologische Eignung und natürlich auch die Leistungen in der Auswahlschulung darüber, ob der Kandidat fliegen darf und wenn ja, in welcher Funktion und auf welchem Muster.

Starfighter waren zu unserer Zeit die schnellsten und schnittigsten Flugzeuge der Bundeswehr; entsprechend hoch war der Nimbus dieser Truppe. Die F-104-Jocks und ihre Laufbahn hatten gewisse Besonderheiten, die sie von den Transportflugzeugführern und Hubschrauberpiloten unterschieden. Wer die Herausforderung angenommen und gemeistert hatte, konnte stolz sein. Arroganz war allerdings unangebracht, denn andere Piloten mussten ebenfalls für ihre Lizenzen ackern und harte Tests bestehen. Ein gutes Beispiel boten die Kieler Marineflieger des MFG 5 mit ihren kleinen, dröhnenden DO-28-Propellermaschinen. Sie holten uns manchmal in Schleswig ab; dann flogen wir als Passagiere nach Bayern, wo unsere Starfighter von MBB[41] überholt wurden. Für die Do-Driver war es ein langer Tag. Sie mussten zwei Stunden vor uns aufstehen; der Flug nach Manching bei Ingolstadt dauerte je nach Wind drei, vier Stunden. Einer der beiden Piloten flog die Maschine von Hand, denn sie hatte keinen Autopiloten. Der andere biss in sein Butterbrot, funkte und half bei der Navigation wie in einem Linienflugzeug.

---

[41]   MBB (Messerschmitt-Bölkow-Blohm GmbH) war ein Vorläufer des Luft- und Raumfahrtkonzerns EADS (European Aeronautic Defence and Space), der seinerseits 2013 zur Airbus Group kam.

In Bayern stiegen die Starfighter-Piloten nach ausgiebiger Brotzeit bei Frau Holzers MBB-Pilotenbetreuungsdienst in ihre frisch gewaschenen Jets und düsten im Tiefflug in komfortablen 50 Minuten zurück, während unsere „Kutscher" erst gegen Sonnenuntergang wieder in Kiel waren. Sie bekamen weniger Flugzulage, wurden später befördert und mussten als Berufssoldaten länger dienen. Hatten sie deswegen weniger Spaß? Ganz bestimmt nicht. Ich habe nie einen schlecht gelaunten Transportflieger kennengelernt. Einen Vorteil hatten die Propellerpiloten als Absolventen der Lufthansa-Fliegerschule auf jeden Fall: Sie kamen mit ihrer Lizenz deutlich leichter zur Airline.

Der „Bauernadler": Dornier Do 28 D2 „Skyservant"

Staffeldienst

Die Arschlochrate unter den Piloten war gleich Null.

Jo Rammer

Der Schichtplan bestimmte unseren Tagesablauf; jede der beiden fliegenden Staffeln hatte abwechselnd Früh- und Spätschicht. Gemeinsam deckten sie unter der Woche drei Flugperioden täglich ab. Jede Schicht begann mit einem gemeinsamen Briefing; daran schloss sich meist eine gemeinsame Mahlzeit an, gefolgt von der individuellen Flugvorbereitung der Crews. Nach den Flügen gab es Sport oder Unterricht über Sicherheitsthemen, militärische Aufklärung oder Technik. Viele Staffelpiloten hatten noch einen Zweitjob; sie kümmerten sich zum Beispiel um Personal, Flugsicherheit, Waffenausbildung oder Sport. Wenn einmal weder Fußball gespielt, Unterricht gemacht oder geflogen wurde – gelegentlich wurde das Fliegen auch wegen Wetters abgeblasen – lasen wir in der „Lounge" Zeitung und spielten Karten. An manchen Barabenden fanden die Piloten kaum nach Hause.

Hanns Krekeler erzählt von seinen ersten Tagen in Schleswig-Jagel:

„Ich kam 1969 nach der Schneekatastrophe in die erste Staffel. Vorn lagen schon die Helme und Schwimmwesten; die Piloten liefen in Pullover mit Hosenträgern rum. Sie hatten Gummihosen mit Gummistiefeln dran – so etwas hatte ich noch nie gesehen. Ich wurde vom Staffelkapitän empfangen, und Frau Mohrmann brachte Kaffee in dicken Bundeswehrtassen. Dann kam ich in die zweite Staffel, wo ich keinen einzigen kannte. Im Winter begann der Dienst um 7 Uhr, im Sommer um 6 Uhr; wir mussten also schon um 5 Uhr aufstehen. Um diese Zeit konnte man noch kein Frühstück verdauen. Gut, dass damals das Pilotenfrühstück eingeführt wurde. Vorher mussten die Leute noch gefrühstückt zum Dienst kommen und sollten dann gleich volle Leistung bringen.

Es gab noch keine Ringstraße. Die Piloten der 2. Staffel parkten ihre Autos an der 1. und froren eine Weile, bis sie mit VW-Bullys direkt über die Startbahn rübergefahren wurden. Wir von der „Zweiten" hatten unsere Ruhe, da kam nie einer hin. Wir hatten weder Briefingraum noch Bunker, nur einen Raum, in dem wir etwas essen konnten. Für den Unterricht

drehten wir unsere Stühle um und stellten eine Tafel auf. Drüben in der ersten Staffel brieften sie sich zu Tode, während wir schon Fußball spielten.

Einer von uns, S., bestand darauf, jeden Morgen sein Mohnbrötchen zu kriegen; er aß immer doppelt so viel wie wir und blieb trotzdem schlank. Wenn nicht geflogen wurde und er mal seine Ruhe haben wollte, legte er sich ins leere Regal der R&S[42]-Baracke für Helme und Schwimmwesten. Dort pennte er eine Runde."

Hanns „Krek" Krekeler, Fregattenkapitän a. D.

Geboren 1942 in Gotenhafen/Westpreußen, ging er 1964 als Offiziersanwärter zur Marine. Er flog aktiv bis 1994 Starfighter und Tornado, war Flugsicherheitsoffizier in der Marinefliegerdivision und arbeitete bis 1999 auf NATO-Stabsverwendungen im In- und Ausland.

Das Foto zeigt Krekeler mit dem „Frankenstein" - Kälteschutzanzug und Marine-"Schiffchen".

---

[42]   R&S = Rettung und Sicherheit, Fachabteilung für die Rettungsgeräte der Piloten

126

Die Piloten flogen, aßen und tranken, machten Sport und büffelten das Kriegshandwerk. Nach Dienst wurde ab und zu ein Bier mit den Fluglotsen des Geschwaders getrunken. Diese Offiziere des militärfachlichen Dienstes saßen auf dem Tower oder schoben Dienst am Präzisionsradar, um uns zentimetergenau auf die heimatliche Piste zurückzubringen. Die Navigationsausrüstung der F-104 erlaubte uns nicht, ohne Hilfe vom Boden bis auf die Mindestbedingungen von 800 Meter Sicht und 200 Fuß (60 Meter) Wolkenuntergrenze hinab anzufliegen. Bei so mieser Sicht kam nur ein PAR-Approach *(Precision Approach Radar)* infrage, man wurde „herunter gesprochen".
Die Heranführung *(Recovery)* an den Platz und die Aufsplittung einer Starfighter-Formation im Wetter unter Radar war auch für die Lotsen ein anspruchsvoller Job. Sie gehörten zu uns, man kannte sich gut. Es gab persönliche Freundschaften, genau wie mit manchem Techniker.

Der Verfasser wird nach der 1000. F-104-Stunde von der Feuerwehr geduscht.

Fliegerdress

Auf vergilbten Fotos aus dem Ersten Weltkrieg tragen kühne Männer Felljacken, blank geputzte Stiefel und lange Schals. Manfred von Richthofen verzichtete darauf, wenn es schnell gehen musste. Er *„zog sich seine Fliegerkombi über den Seidenpyjama"*, schreibt *Der Spiegel* über Richthofens letzten Einsatz am 21. April 1918, *„um noch kurz vor dem Mittagsschlaf einen Engländer vom Himmel zu holen."*[43]

Das Äußere ist eng mit dem Status eines Piloten verbunden. Wer schnelle Flugzeuge fliegt, will auch so rüberkommen. Starfighterpiloten waren zweckmäßig ausgerüstet: direkt am Körper saß die lange weiße, feuerhemmende Unterwäsche, darüber der graue, gesteppte wärmende Unteranzug, Spitzname *Wattemann*. Obendrauf kam der unvermeidliche orangefarbene Kälteschutzanzug MK 10; er wurde wegen seines riesigen schrägen Reißverschlusses *Frankenstein* genannt. Dazu gesellte sich die *CSU-3/P-Anti-g-Hose*. Um den Oberkörper trug der Pilot die Schwimmweste, auf dem Kopf den Fliegerhelm. Der hatte zwei einzeln herunterfahrbare Visiere – klar und getönt –, Kopfhörer und eine grüne Sauerstoffmaske mit Mikrofon und Schlauch. An den Beinen saßen je zwei Rückholgurte, die später über Seile mit dem Schleudersitz verbunden wurden und dafür sorgen sollten, dass die „Tentakel" beim Ausschuss dicht am Sitz waren und nicht an Teilen des Cockpits hängenblieben.

Gegen Ende der Verkleidungsarie zwängte der F-104-Driver die Füßlinge des Frankensteins in die Pilotenstiefel. Sie hatten zusätzlich zur normalen Schnürung noch einen Reißverschluss. Meist genügte ein Zug an diesem „Zipper", und sie saßen. Nun fehlten nur noch die grünen *Nomax*-Handschuhe oder solche aus weißem Leder, und die Ausrüstung war komplett.

---

[43] Es war Richthofens letzter Einsatz. An diesem Tag wurde der Rote Baron tödlich getroffen, höchstwahrscheinlich von einer vom Boden abgefeuerten australischen MG-Salve. Seine Gegner bestatteten ihn bei Amiens mit militärischen Ehren. Vgl. *Der Rote Baron: Das Ende einer Legende – die Geburt eines Mythos, Spiegel online*

Wenn die Starfighter nur über Land flogen oder das Meer und die umgebende Luft mindestens 15 Grad Celsius respektive 25 Grad Celsius warm waren, reichte statt des Frankensteins die leichte, orangerote Kombi. In Oberschenkelhöhe waren lederbezogene Klemmen für Kniebretter und Karten angenäht. Zahlreiche Taschen mit Reißverschlüssen dienten zum Verstauen der persönlichen Kleinigkeiten: Ausweis und Lizenz, Portemonnaie, Zigaretten, Flugauftrag, Autoschlüssel. In den großen Unterschenkeltaschen der Hosenbeine steckten die Fliegerhandschuhe, Karten und die Kopfbedeckung, das *Schiffchen*.

An die Sauerstoffmaske gewöhnten sich Neulinge schnell. Das Tragen war ab dem Triebwerksstart vorgeschrieben, weil schon ein angeschmortes Kabel die Cockpitluft kontaminieren und den Piloten außer Gefecht setzen konnte. Bei Kabinendruckverlust in großen Höhen drohte ohne Zusatzsauerstoff und Druckbeatmung aus der Maske die sofortige Ohnmacht.

Die dicke Fliegerkleidung war wie ein Panzer; nach Abfang- und Kunstflugübungen kam man nassgeschwitzt nach Hause. Selbst ein „gewöhnlicher" Tiefflug konnte äußerst schweißtreibend sein. Wie hielt es ein Pilot so lange festgeschnallt auf einem Schleudersitz aus, ohne sich wirklich bewegen zu können? Was, wenn er mal „musste"? Menschliche Bedürfnisse waren schon bei der Flugplanung ein Thema. Gab es einen längeren Einsatz, verzichtete ich lieber auf die zweite oder dritte Tasse Frühstückstee. Zwei Flüge werden mir stets im Gedächtnis bleiben; einer ereignete sich über der Ostsee.

Wir waren gerade in Viererformation auf Tiefflug irgendwo bei Bornholm unterwegs, als einer von uns den Funkspruch „*I'm exploding*" absetzte und mit seiner F-104 ruckartig senkrecht die Formation verließ. Auf die besorgte Frage des Leaders – „*Do you have any problems?*" – meinte der abtrünnige Pilot nur: „*I'm going home*". Wie wir später erfuhren, erreichte er das „Örtchen" der Staffel gerade noch rechtzeitig.

In einem anderen Fall bat der Leader meiner Zweierformation den Radarlotsen um einen kurzen Anflug nach Schleswig. Das Wetter war schlecht und wir wurden vom Lotsen ordnungsgemäß „aufgesplittet", um einzeln aus einem Radaranflug landen zu können. Irgendwie zog sich der Anflug ziemlich in die Länge und die Stimme meines Leaders wurde unruhig. Weitere Minuten verstrichen; als der Lotse meinem Kameraden endlich einen *Shortcut* für eine schnelle Landung anbot, meinte der nur lapidar: „*It´s too late!*"

Der Verfasser beim Aussteigen nach der Mission, „nur" in Kombi, Lederjacke, Weste und ohne „Frankenstein"

Das Fliegerleben in der Staffel war richtig für Leute, die keine große Karriere im Kopf hatten. Irgendwann war jeder *Combat-Ready*, hatte die Schwarmführerberechtigung für größere Formationen und vielleicht sogar die Lehrberechtigung in der Tasche. Man machte Übungsflüge über Land und See und besuchte auf Cross-Country-Flügen ferne Länder. Führungskräfte mussten mit Anfang 30 an den Schreibtisch und kehrten nur noch gelegentlich ins Cockpit zurück.

Nicht jeder hatte als Pilot goldene Hände. Ich zählte mich zum Mittelfeld und bekam ab und zu eins auf die Finger; ansonsten lief alles zufriedenstellend. Nur wenige Piloten erhaschten einen der knappen Staffelkapitänsposten, noch weniger wurden Kommandeur einer fliegenden Gruppe, Geschwaderkommodore oder gar Admiral der Marinefliegerdivision. Die meisten länger dienenden Berufssoldaten wanderten für eine Weile in den Lagebunker des Flottenkommandos in Glücksburg, ins Verteidigungsministerium in Bonn oder in einen der vielen Stäbe in Schulen oder bei der NATO. Sie gingen mit Ende 50, je nach erreichtem Dienstgrad auch später, in den Ruhestand. Ihr fliegerischer Karriereanteil lag bei rund 30 Prozent.

Die Frühpensionierung der „reinen Staffelpiloten" hatte ihren Grund: Ihr Training war teuer, doch die körperliche Leistungsfähigkeit ist nun einmal um die 30 am höchsten, auch Profi-Fußballer packen in diesem Alter langsam ihre Sachen.

Tagebucheintrag vom 23.07.81

Unsere Staffel fährt mit dem Dienstbus zu einem Besuch des Marinehauptquartiers (MHQ) in Glücksburg. Hoffentlich muss man hier nie arbeiten! Die reinste Gulag-Atmosphäre hier im Bunker.

Karrieren nach der Zeit im Cockpit

Marineflieger starteten zu unserer Zeit meist als Seefahrer und gerieten dann – geplant oder per Zufall – in die Fliegerei. *„Ich ging 1969 mit klaren Vorstellungen von S-Boot oder U-Boot im Oktober zur Marine"*, berichtet **Gerd Kiehnle,** Jahrgang 1950. *„Nach einer Werbeveranstaltung der Marineflieger im Rahmen der Offiziersausbildung entschied ich mich aber aus Liebeskummer für die Fliegerei. Ich hatte auf einer Schulschiffsreise in Sevilla eine österreichische Maid kennengelernt, doch unsere Verlobung platzte."* Kiehnle durchlief die fliegerische Auswahlschulung in Neubiberg und machte den ersten Alleinflug in Erding. *„Unsere Ausbilder stammten meist noch aus dem Weltkrieg. Sie hatten Erfahrung und waren echte Charaktere"*, erinnert er sich. *„Sie verlangten uns viel ab, gaben aber auch viel."*

Im „Lone Star State" Texas machten die Flugschüler ihren Autoführerschein. *„Niemand konnte den Sheriff verstehen, aber alle waren von seinem Colt beeindruckt. Dann begann die Fliegerei, parallel mit jungen vietnamesischen Flugschülern, die im Funk das Rufzeichen ‚Chili' verwendeten. Dieses Wort war für uns wie ein Warnsignal – wir mussten den Luftraum am Flugplatz äußerst sorgfältig überwachen, um nicht über den Haufen geflogen zu werden."*

Gerd Kiehnles erster T-38-Überland-Alleinflug bei Nacht führte von Sheppard/Texas durch Gewitterfronten nach Little Rock/Arkansas. *„Unser deutscher Fluglehrer mit dem Spitznamen ‚Klofinger' flog vorneweg"*, erzählt Kiehnle. *„Er sagte immer: Wenn ich durchkomme, müssen das die*

Flugschüler auch schaffen. So war es." Kiehnle wurde Pilot auf dem Starfighter, flog im Marinefliegergeschwader 1 in Schleswig-Jagel und ging nach Admiralstabsausbildung, Tornado- Umschulung und Staffelkapitänsverwendung ins Verteidigungsministerium. Später wurde er stellvertretender Kommodore im Marinefliegergeschwader 2, kehrte ins Ministerium zurück und hing den Fliegerhelm an den Nagel. Der vierfache Vater arbeitete als Verteidigungsattaché an der deutschen Botschaft in Pretoria (Südafrika), leitete später die Marineoperationsschule in Bremerhaven und ging als Kapitän zur See in den Ruhestand.

Gunter Schneider, Kapitän zur See

Schneider ging 1978 zur Marine und begann 1981 sein Pilotentraining in Texas. Er flog Starfighter und Tornado im MFG2 und wurde Flug- und Waffenlehrer und Leiter der GTV (Gruppe Taktik und Versuche) der Marine, bevor er zur NATO ging. „Dann war leider, leider Schluss mit der Fliegerei."

Ich traf **Fregattenkapitän a. D. Wolfgang Oelsner** bereits 1976 an meinem ersten Screeningtag in „Fürsty". Er war mir damals an seiner Marineuniform aufgefallen, die auf dem Luftwaffengelände recht selten war, und Leutnant zur See war ich schließlich auch. Wolfgang war Jahrgang 1951 und hatte ein Jahr vor mir bei der Marine angefangen; nun befand er sich bereits kurz vor dem Abflug zur Jetausbildung in die Vereinigten Staaten. Drei Jahre später trafen wir uns als Piloten in der 1. Staffel MFG 1 in Schleswig/Jagel wieder und verbrachten anschließend schöne Jahre auf Starfighter und Tornado.

Während ich mich Mitte der 1980er als Fluglehrer nach Jever abseilte und anschließend zur Airline ging, besuchte mein Kamerad Oelsner die Admiralstabsausbildung in Toronto und machte Karriere als Einsatzoffizier, Staffelkapitän und auf verschiedenen nationalen und NATO-Posten. Er lernte Arabisch und wurde Verteidigungsattaché in Abu Dhabi (Vereinigte Arabische Emirate), ging eine Weile als Nachrichtenstabsoffizier in den Bunker und beendete seine Laufbahn bei der NATO in Neapel. Heute beherbergt er mit seiner Frau Urlauber im eigenen Gästehaus in Zentralfrankreich.

Wolfgang Oelsner im Cockpit der F-104G.

VIP-Dispersal

Das Gebäude der 1. Staffel MFG1 am Ostrand des Jageler Fliegerhorstes war ein Zweckbau mit Flachdach und benachbartem Bunker, wie er -zigfach auf Militärflugplätzen in aller Welt existiert. Unserer hatte eine Besonderheit: Gleich nebenan, am Ende eines Flugzeugrollweges nahe der Landebahn 23, befand sich eine große Betonabstellfläche mit einer Telefonzelle und einem Fahnenmast. Dieser schlichte Ort war das *VIP-Dispersal* – ein Empfangsplatz für gehobene Gäste und fremde Besatzungen, zum Beispiel die unserer Marine-Bréguet Atlantic aus Nordholz. Sie legte einmal pro Woche auf ihren *Eastern-Express*-Aufklärungsflügen über der Ostsee bei uns einen Zwischenstopp ein, und die Crews schauten auf einen Kaffee vorbei. Die *Atlantic* war mit ihren zwölf Mann Besatzung (einige Soldaten sprachen verdächtig gut Russisch und machten Funkaufklärung) ein vergleichsweise großer Vogel. Wenn sie bei uns landete, gingen Kaffee und Kekse in der Staffellounge schnell zur Neige. Oft kamen auch Regierungsmaschinen aus Köln-Bonn (meist kleine VFW-614-Jets mit VIP-Ausstattung), DO-28-Propellermaschinen und Hubschrauber vom MFG5 in Kiel; jeder kriegte Kaffee und Kekse. Ab und zu schaute ich auf dem VIP-Dispersal vorbei; interessant waren vor allem exotische

Bundeskanzler Konrad Adenauer besucht am 11. August 1961 das MFG 1.

Flugzeuge anderer Luftwaffen und Marinen. War es schon etwas Besonderes, wenn die große Boeing B 707 der deutschen Flugbereitschaft Soldaten ausspuckte oder zum Manöver abholte, so geriet die Landung einer US-*Galaxy* vollends zum Spektakel. Die riesige Lockheed C-5 war damals das größte Flugzeug des Westens und schien im Anflug halb Schleswig-Holstein zu verdunkeln. Sie war so voluminös, dass sie nicht auf unser VIP-Dispersal passte und auf einem Abschnitt der *Zulu Lane*, dem extra breiten Betonstreifen einer stillgelegten Landebahn, abgestellt werden musste.

Einmal landete eine PC-3 Orion der US-Marine, die Dienstmaschine des NATO-Befehlshabers Nordatlantik *(CINCLANT)*. Dieser Flugzeugtyp ist ein Nachkomme des 1950er-Jahre-Passagierflugzeugs Lockheed Electra und seit Jahrzehnten bei Luftwaffen und Marinen als U-Boot-Jäger im Einsatz.

Das Flugzeug des Admirals, äußerlich ein normaler U-Jäger, war zur VIP-Version umgerüstet worden; ich besuchte den Flieger während der Mittagspause. Zwei junge Piloten in schmucker blauer Kombi mit geschwungenem Namenszug winkten mich heran, und ich kletterte die flugzeugeigene Aluleiter hinauf. Der erste Eindruck haute mich beinahe um: Gleich hinter dem Eingang begann Holzparkett! Es ging bis hinter die Cockpittür. Der Arbeitsplatz der Piloten war bequem und bestens ausgestattet, wie man es von derartigen Turboprop-Flugzeugen kannte. Ich ging nach hinten durch einen kleinen Stauraum und dann in die Galley mit den Öfen, wo es lecker nach Spiegeleiern roch. Jetzt stand ich vor einer Tür, an der ein schön gearbeitetes Holzschild mit der Aufschrift *Admiral Wesley L. McDonald* prangte. Ich öffnete und befand mich in der Privatsuite des NATO-Oberbefehlshabers Atlantik, mit dickem Teppichboden und Holzdekor. Ein Blick in die Schlafkabine bewies: Das Flugzeug war für längere Trips bequem eingerichtet. Am besten gefiel mir die Uhr, die am Kopfende der Koje eingelassen war. Bei näherem Hinsehen stellte sich heraus: Es war ein Höhenmesser! Der Admiral war natürlich auch Pilot.

Militärische Hierarchie sorgt meist für klare Verhältnisse. Einmal beobachtete ich, wie französische *Étendard*-Jets vor unserer Staffel ausrollten. Nach der Begrüßung durch unseren Staffelchef wurde der französische Commandant mit dem VW-Bus in seine Unterkunft gebracht, während seine Piloten im Nieselregen auf die Flugzeuge kletterten. Sie luden erst das Chefgepäck aus, dann ihr eigenes – es dauerte ein Weilchen, bis alles verstaut und jeder Jet ordnungsgemäß zugemacht war. Nirgendwo auf der Erde wäre das anders gewesen, doch eines erregte meine Bewunderung: die Koffer. Das waren keine gewöhnlichen groben Sporttaschen oder gar Rucksäcke wie bei uns, sondern maßgefertigte Stücke aus feinem, blauem Leder, die haargenau unter das Flugzeugblech hinter dem Kabinendach passten – kein Wunder, die Jets stammten ja aus dem Lande der Haute Couture.

Bundesverteidigungsminister Franz-Josef Strauß beim Besuch in Schleswig-Jagel, 24. Juni 1960

„Baden" in Nordholz

Einmal im Jahr wurden alle Marineflieger zum Lehrgang *Überleben auf See* abkommandiert, der beim Marinefliegergeschwader 3 „Graf Zeppelin" in Nordholz bei Cuxhaven stattfand. Ein mehrtägiges, abwechslungsreiches Programm erwartete die Piloten: Nach dem „Trockentraining" im Klassenraum mit Rettungsmitteln aller Art, von der Trillerpfeife über den Reflexspiegel bis zur Schwimmweste, ging es am kommenden Tag in die große Wasserübungshalle. Das Schwimmbecken mit den Maßen eines zivilen Hallenbades besaß Rettungsinseln und Fallschirme sowie eine Schleppvorrichtung. Alle Piloten mussten zunächst einen Mutsprung aus fünf Metern Höhe machen. Wer das nicht schaffte, durfte nur noch über Land fliegen. Auf einer Plattform am Rande des Beckens wurden die Piloten mit vollem Gurtzeug und in Fliegerkombination mit Helm an die Schleppvorrichtung angeklinkt, die sie ins Wasser riss. Sie lernten die Beine zu grätschen, um nicht untergepflügt zu werden und auch, wie man sich durch geschickten Dreh am Gurtschloss von seinem Gurtzeug befreite. Anschließend musste sich jeder Kandidat unter einem an der Wasseroberfläche gespannten Fallschirm ins Freie hangeln. Das war nicht allzu schwer, denn die Leinen führten konzentrisch zur Schirmmitte und wieder nach außen. In der Halle herrschte kein Seegang, und unter dem nassen Schirm war in unmittelbarer Nähe des Piloten immer ein ausreichendes Luftpolster zum Atmen vorhanden – es war also eher ein Kampf gegen den inneren Schweinehund.

Höhepunkt des Hallentrainings waren stets die beiden Angstgegner *Helo Dunker* und *Dilbert Dunker*. Der erste war ein Stahlgestell in Form eines Hubschrauberrumpfes. Eine Gruppe von Piloten schnallte sich auf einfachen Sitzen an; dann wurde der Rumpf mitsamt den Insassen ins Wasser geworfen, wo er sofort versank. Jetzt musste sich jeder möglichst ruhig von seinem Gurtzeug befreien, mit den anderen durch den einzigen Ausgang ins freie Wasser tauchen und zum Rand schwimmen. Falls jemand das Gurtschloss unter Wasser nicht aufbekam oder Panik kriegte, waren Taucher vor Ort.

Noch besser fand ich den Dilbert Dunker, Kinogängern vielleicht aus dem Kinofilm *Ein Offizier und ein Gentleman* mit Richard Gere bekannt. Ein einzelner Pilot sitzt angeschnallt in einem erhöhten Cockpit, das auf einem in 45 Grad zum Wasser montierten Schlitten am Beckenrand befestigt ist. Der Ausbilder klinkt den Delinquenten aus, und der Schlitten saust in die Tiefe. An der Oberfläche kippt das Cockpit mitsamt dem Piloten nach vorn, und er landet kopfüber unter Wasser. Der Kick ist die Schrecksekunde, angeschnallt verkehrt herum im „Bach" aufzuklatschen.

Am nächsten Tag fand das *Open Sea Training* statt. Der Marineschlepper *Wangerooge* fuhr uns von Cuxhaven ein Stück ins Elbfahrwasser, wo wir in Kälteschutzanzug und Helm, mit Rettungsmitteln und Ein-Mann-Schlauchboot, in die Nordsee „verklappt" wurden. Jeder konnte im kalten Wasser üben, was ihm hoffentlich im richtigen Leben nie passierte: den Landefall ins Wasser, das mühsame Anlegen der Kälteschutzhandschuhe mit vereisten Händen und das Entern eines kleinen Schlauchboots. Drinnen kauerte man sich unter die Spritzschutzdecke und wartete eine Stunde oder mehr auf den Hubschrauber, meist eine Sea King vom MFG5. Wenn die endlich aufkreuzte, schien sie grundsätzlich zuerst alle anderen Kameraden aus dem Wasser zu fischen, bevor man selbst dran war. In der offenen Seitentür des Helikopters hockte ein Luftretter, der ein Kabel mit Rettungsschlinge zum Piloten herabließ. Das Kabel wurde wegen statischer Aufladung immer erst im Wasser geerdet, bevor sich der „Schiffbrüchige" die Rettungsschlinge um den Körper legen durfte. Auf ein Daumenzeichen warf der Luftretter die Winde des Stahlseils an, und nach kurzer Zeit kauerte der Pilot auf dem Boden der Hubschrauberkabine, wo ihn ein Glas Rum zum Aufwärmen erwartete.

Ich saß einmal bereits „gerettet" an der Hinterwand des Choppers, als ein grünlich-blasses Gesicht am offenen Türrahmen erschien. Der Luftretter zog den Mann mit geübtem Griff ins Innere der Kabine und reichte ihm zur Begrüßung den rituellen Schluck *Hansen-Präsident*. Leider musste der Seegang unserem Kameraden übel mitgespielt haben, denn er spie den Rum sofort in hohem Bogen wieder hinaus aufs Meer.

Nach dieser Seilübung – im Marinedeutsch: *Winsch-Ex* – konnte der Hubschrauber auf der kleinen „Wangerooge" nicht landen und setzte die Piloten wiederum per Seil auf dem Oberdeck ab. Noch eine warme Dusche an Bord, frische Klamotten und eine Erbsensuppe, dann ging es zurück zum Hafen. Der Lehrgang war beendet.

Auf diesem Foto vom Sea Survival 1966 wird ein Soldat von einem *Sycamore*-Hubschrauber der Marineflieger aus der Nordsee gefischt.

Fluggast in der F-104

Die meisten von uns hatten einmal einen Passagier an Bord der TF-104 G, mit anderen Worten: jemanden ohne (oder mit nur geringer) Ahnung. Es war gar nicht so einfach, als Außenstehender ins Cockpit zu kommen. Soldaten hatten es leichter als Zivilisten, die schon sehr gute Beziehungen zur hohen Politik oder Militärführung oder einen wichtigen Auftrag (zum Beispiel als Journalist einer führenden Tageszeitung) haben mussten, alternativ auch VIP-Status als Rennfahrer, Politiker oder Sänger. Voraussetzung für einen Mitflug war in jedem Fall die rote *Jet Passenger Card*, ein Tauglichkeitstest im Flugmedizinischen Institut der Luftwaffe. Dazu gehörte sogar ein „Flug" in der Druckkammer. Am Tag X erschien der Fluggast in der Fliegerstaffel, wurde eingekleidet und lernte seinen Piloten kennen. Im Kampfflugzeug kommt es als Passagier nicht nur darauf an, keinen Unsinn zu machen und im falschen Moment einen Knopf zu drücken; man muss im Notfall auch Unterstützung leisten können. Darum werden im Briefing die wichtigsten Notverfahren einschließlich der *Ejection* (dem Notausstieg per Schleudersitz) abgehandelt.

Ich hatte ein paarmal wehrpflichtige Stabsärzte an Bord, die sich durchschaukeln lassen wollten – es waren junge, sportliche Leute wie wir. Mal flogen wir allein über Land, mal in Formation über See; stets fand der Gast es aufregend, mit so ungewohnter Geschwindigkeit in fremde Dimensionen vorzustoßen. Die normale Kurvenbeschleunigung machte fast niemanden etwas aus, doch bei Abfangübungen oder im Kunstflug, mit 4 oder 5 g, sah man den Helm des „Beifahrers" aber schon einmal im Rückspiegel schlaff zur Seite kippen. War der Fluggast aus seiner kurzen Ohnmacht erwacht, ging das Kurven weiter.

Der militärische Fluglotse Marnick Raecke durfte Anfang der 1980er-Jahre mitfliegen und kam beim MFG2 in Eggebek ins Cockpit eines Starfighters der Marine.

„Dieses besondere Ereignis in meinem Leben ist nun fast 30 Jahre her, aber immer noch sehr präsent. Als Lotse der überörtlichen Flugsicherung hatte ich nie direkten Kontakt mit den Piloten wie die Kameraden am Flugplatz,

vom Tower oder GCA[45]. Mir war bekannt, wie gründlich eine Flugvorbereitung sein sollte, aber dies einmal hautnah mitzuerleben, war schon aufregend. Ich lief wie ein Azubi neben meinem Piloten her und war bei den Vorbereitungen zum Start an seiner Seite. Dann besprach mein Kaleu mit mir detailliert unseren Flug. Die Verhaltensweise bei einem Notfall und einem eventuellen Ausstieg während des Flugs waren ebenso Teil unserer gemeinsamen Vorbereitung wie die Frage nach meinem Befinden. Wir wollten nach dem Start von Schleswig-Holstein aus über die Elbemündung nach Westen über Ostfriesland fliegen. Über die offene See hinaus durften wir nicht, denn dann hätten wir den Frankenstein tragen müssen; die einfache Fliegerkombi reichte dafür nicht aus. Danach sollte es weiter Richtung Süden bis nach Osnabrück/Diepholz gehen und schließlich wieder Richtung Norden über Leer und Stade nach Hause. Da die Vorhersagen beste Sichtflugbedingungen versprachen, war Low Level VFR angesagt.

Die Vorbereitungen und das Platznehmen im engen Cockpit waren beeindruckend. Dann wurde es langsam ernst, denn nun kamen der Final Check vor dem Start und die technische Abnahme. Jetzt gab es wohl kein Zurück mehr, und ich beantwortete die Frage meines Piloten, ob es losgehen kann, ohne zu zögern mit ‚ja'. Ich hatte es ja so gewollt und die Fliegertauglichkeit inklusive Druckkammer in Fürsty bestanden.

Das Cockpit-Dach wurde geschlossen und wir rollten zur Startposition. Die Lautstärke des Triebwerks war zunächst erträglich; als es aber mit vollem Schub losging, wurde es ohrenbetäubend. Ich wurde mit einer ungeahnten Kraft in den Sitz gepresst und wir beschleunigten in einer mir bis dahin unbekannten Art und Weise – kein Vergleich, der mir dazu einfällt. Bevor ich es richtig begriff, war es auf einmal still geworden und wir waren in der Luft. Der Lärm des Triebwerks war plötzlich nur noch wie ein Schnurren zu vernehmen. Unter mir flog die Landschaft im wahrsten Sinne des Wortes vorbei und ich versuchte, mehr nach vorne zu schauen. Die Instrumente interessierten mich in dieser Phase kaum, dafür war ‚der da vorn' zuständig. Ich wollte nur fliegen und die Welt dicht über dem Boden erleben. Es faszinierte, wie der Pilot seiner Karte und den Instrumenten folgte. Ich hielt

---

[45]   GCA (Ground Controlled Approach) = ein Anflug, der mit Bodenradar kontrolliert und durchgeführt wird

den Steuerknüppel ebenfalls in der Hand, um die Bewegungen und Manöver zu spüren und nicht von jeder Bewegung überrascht zu werden.

Über dem Oldenburger Land sagte mein Vordermann: „Wir bekommen Besuch, two o'clock". Da tauchte auch schon ein ‚Warzenschwein' auf, eine A-10 Thunderbolt. Sie drehte nach links, um unter uns wegzutauchen. So schnell, wie sie gekommen war, war auch schon alles wieder vorbei. Ich fand es etwas beunruhigend, so einen Flieger wenige hundert Fuß unter uns kreuzen zu sehen.

Marnick Raecke, hier als Ausbilder für ein neues Flugsicherungssystem bei der Deutschen Flugsicherung (DFS)

Marnick (Marc) Raecke, Hauptmann der Luftwaffe a. D.

Raecke wurde 1953 in Lille/Frankreich geboren und lebt seit 1958 in Deutschland. Mit einer Schreinerlehre in der Tasche bewarb er sich bei der Bundeswehr und wurde zum Fluglotsen ausgebildet. Nach vielen militärischen Verwendungen am Radar (u. a. in Goch, bei EUROCONTROL und in Bremen) wechselte Raecke als beurlaubter Offizier zur Deutschen Flugsicherung GmbH (DFS). Dort war er die letzten 13 Berufsjahre als Fluglotse, Ausbilder, Prüfer und Projektleiter tätig.

Unter der Kontrolle der Flugsicherung hätten wir wahrscheinlich vorher schon einen Hinweis bekommen, eine Traffic Warning. So aber bewegten wir uns, mal mit den Augen die Anzeigen ablesend und dann wieder den Horizont absuchend, dicht über der Grasnarbe.

In der Nähe von Diepholz zeigte mir mein Fluglehrer – ich durfte vorher kurz mal das Steuer halten und selber fliegen – eine Radarstellung. ‚Die knipsen wir mal aus!' Auf ging es – im Tiefstflug erst einmal wegdrehen und dann hinter einem Wäldchen wieder in Richtung Radarstellung anfliegen. Kurz vor der Stellung eben mal auf 1500 Fuß hoch, auf den Rücken rollen, wieder umdrehen und dann den Anflug auf die Stellung machen. ‚Jetzt haben wir sie im Visier und ... Weapons release!'. So hatten die Gegner im Ernstfall wohl keine Chance. Bevor die uns sehen konnten, hatten unsere Waffen die Stellung bereits getroffen.

Jetzt die Nase hochziehen, rauf auf 3500 Fuß – und Level off[46]! Ich erlebte zum ersten Mal in meinem Leben, was negative g-Kräfte waren und konnte gar nicht so schnell reagieren, wie sich mein Magen entleerte. Mann, war das peinlich! Bis dahin hatte ich alles gut überstanden und mein Pilot dachte wohl auch, dass so ein Manöver kein Problem für mich war. Pech gehabt! Raus ist raus. Er meinte zu meiner Beruhigung, das ihm das auch schon passiert sei.

Auf dem Rückflug hatte mein Pilot noch eine Überraschung parat. Er wollte mir den ‚Growian' zeigen, die Großwindanlage bei Stade. Ich schaute gerade seitlich an ihm vorbei, als er das Objekt erblickte, den Flieger innerhalb von Sekundenbruchteilen auf die Seite rollte und dann umflog. Was ich für eine Kraft aufwenden musste, um meinen Kopf in Richtung Growian zu bewegen! Es war brutal. Ich fuhr Motorrad und glaubte, gute Nackenmuskeln zu haben; auch sonst war ich nicht unsportlich – doch mein gepresstes ‚Iiiich seeeh iiiihn!' zeigte die große Anstrengung. Hochachtung vor dem, was die Piloten da so aushalten mussten. Die körperlichen Belastungen waren wahrlich nicht von Pappe, da brauchte man schon eine sehr gute Kondition. Auch ohne g-Kräfte fand ich die Sache anstrengend. Ich stellte mir vor, im Wetter ohne Außensicht ständig die Instrumente zu beobachten, den Flugplan einzuhalten, mit der Flugsicherung zu sprechen, Anweisungen zu befolgen und dann alles sauber zu fliegen.

---

[46]   Level off = nach Steig- oder Sinkflug eine Höhe einnehmen

Nach der Landung in Eggebek blieben wir auf der Landebahn stehen. Ich dachte schon, es wäre irgendetwas defekt, aber der Pilot meinte nur, er müsse noch etwas warten. Eigenartig... Der Tower hatte doch nichts gemeldet, da musste doch etwas passiert sein! Plötzlich kamen Fahrzeuge mit Blinklichtern auf uns zu, und ein Fahrzeug mit einem Schleudersitz auf dem Anhänger hielt neben uns. Jetzt hatte es endlich geschnallt – nun kam die Taufe, denn mein Erstflug mit dem Starfighter musste gebührend zelebriert werden. Ich kletterte aus der Maschine, und freundliche Techniker begleiteten mich zum ‚Ehrenplatz‘ auf dem Anhänger. Dann setzte sich der Konvoi in Bewegung, und die Feuerwehr feuerte ihr Löschwasser auf mich ab. Es war eine Zeremonie, die ich in meinem Leben nicht vergessen werde.

Dieser Flug ließ meine Fluglotsenarbeit in einem anderen Licht erscheinen. Noch lange danach erinnerte mich der Ritt auf der ‚Rakete mit Stummelflügeln‘ an die vielfältigen Aufgaben im Cockpit. Ich dachte beim täglichen Umgang mit den Piloten immer daran und versuchte, auf sie einzugehen. Den Technikern brachte ich nach meinem Trip noch zwei Kisten Bier in die Werft, denn sie durften die ‚Kabine‘ säubern. Wie ich später erfuhr, brauchten die lieben Kameraden eine Woche, bis der Flieger wieder ‚flugtauglich‘ war."

Tagebucheintrag vom 05.03.80

Ich fliege die 26+88 von Ramstein nach Schleswig. Beim Ausrollen, nach dem Abwurf des Bremsschirms, sagt die linke Bremse „knack", und das Pedal klappt aufs Bodenblech. Das Flugzeug dreht sich nach rechts, dann macht die rechte Bremse ebenfalls „knack". Leider ist die Bugradlenkung auch ausgefallen und ich kann die Maschine gerade noch am rechten Pistenrand zum Stehen bringen. Dann muss ich sie ganz abstellen, da sie langsam weiterkriecht.

Training über Land und See

Oswald Boelcke

Abwechslungsreiche Einsätze

Wer den LCR-Check, die Gesellenprüfung für junge F-104-Piloten, bestanden hatte, flog alle Einsätze der Staffel als vollwertiges Mitglied mit. Der Starfighter nahm unter den Luftfahrzeugen der Marine eine Sonderrolle ein. Er war im Reiseflug viermal so schnell wie ein Hubschrauber oder ein DO-28-Verbindungsflugzeug und immer noch doppelt so schnell wie ein Bréguet-Atlantic-Seefernaufklärer.

Der Seeraum war nach Osten eng umrissen; bei den hohen Geschwindigkeiten und unseren einfachen Navigationsmitteln konnte man schnell in ein Schießgebiet oder in neutrale schwedische sowie gar „feindliche" ostdeutsche, polnische oder russische Gewässer rasseln. Wer sich aber mit diesem Gebiet vertraut gemacht hatte, empfand die Ostsee als zweite Heimat – es war ja „unsere Baltic". Östlich vom Falshöfter Leuchtfeuer, dem Startpunkt der meisten Ostseetiefflüge, schien sich der Starfighter so richtig wohlzufühlen. Die Nase runter und *on the deck,* und man tauchte einfach in die „Badewanne" ab. Nun musste man mit niemandem mehr funken.

Ein Schwachpunkt war die Kommunikation mit der fahrenden Marine, die ja unsere Einsätze koordinieren musste. *„Das Verhältnis war manchmal etwas belastet, da etliche Marineoffiziere mit der fliegenden Truppe nichts anfangen konnten und sie argwöhnisch betrachteten",* gibt Gunter Schneider zu. Jan Wiedemann kann sich vorstellen, woran es manchmal haperte. *„In den Anfangstagen der F-104-Fliegerei mangelte* *es am gegenseitigen Verständnis. Das änderte sich erst mit der Einführung von Kursen am Taktik-Trainer ASTT[47] in Wilhelmshaven. Dort wurde den Schiffsbesatzungen vermittelt, wie Jetpiloten ticken und wie fliegerische Einsätze verlaufen. Wahrscheinlich konnten die Schnellbootfahrer am besten nachvollziehen, wie ein Jet funktioniert."*

Gerade im Marine-Einsatz kamen einige Vorzüge des Starfighters zum Vorschein. Er war äußerst schmal und hatte eine so geringe Stirnfläche, dass er mit seiner grauen Lackierung über See selbst in Formation nur schwer auszumachen war. Ein einzelner Starfighter, der sich als Attacker irgendwo weit draußen in 20.000 Fuß aus der Sonne auf eine im Tiefflug dahinjagende Formation stürzte, fiel oft erst in letzter Sekunde auf.

Sinn und Zweck aller Übungen waren möglichst realistische Verfahren, die im Rahmen von Geschwaderalarmübungen und NATO-TAC EVALs periodisch überprüft wurden. So ging es auf Schießranges und zur Abfangjagd mit Angreifern im Tiefstflug. Flog man für die Flotte, bestimmte die jeweilige Einsatzführung, wie und wo unsere Flugzeuge eingesetzt wurden.

Im Alltag endeten die meisten Starfighter-Flüge wieder am Heimatflugplatz, doch es gab auch genügend Abwechslung durch Manöver, Übungen und Auslandsflüge. Beim *Tactical Fighter Weaponry* im dänischen Aalborg oder Karup trafen deutsche Marineflieger auf ausländische Partner, darunter Exoten wie die uralte F-105 der U.S. Air Force Reserve, eine unheimlich schnelle Maschine mit zu wenig Sprit. Einmal scheuchte ein Massenangriff auf den Oksbøl-Schießplatz Möwen hoch, die eine deutsche F-104 zur Strecke brachten. Der Pilot landete unversehrt in den Dünen, wurde aber von der Rettungsmannschaft erst nach einer Weile gefunden.

Über Norwegen tummelten sich deutsche Marine-Hundertvier in den Tieffluggebieten, starteten in Bodø bei 200 Fuß (60 Meter) Wolkenuntergrenze und betrieben Inselnavigation unter den

---

[47]   Die frühere Seetaktische Lehrgruppe in Wilhelmshaven betrieb einen taktischen Simulator mit der Bezeichnung *Advanced Speed Tactical Trainer (ASTT)*.

Wolken in einer Flughöhe von 100 Fuß; dies wurde bei Manövern toleriert. In den Bergen Norwegens gab es langgezogene, schneebedeckte Gletscherflächen, die die Sicht des Piloten durch einen Whiteout verwirren konnten.

Flüge Richtung Norwegensee waren Hoch-Tief-Hoch-Einsätze (High-Low-High). *„Das Messer zwischen den Zähnen verdeckte schon mal den Blick auf die Tankanzeige"*, erinnert sich Ringo Suhr an den Einsatzeifer der Crews. *„Wenn der Sprit zum Umkehren mehr als angekratzt war, flogen wir nach Sicht in 38.000 Fuß bis 41.000 Fuß Richtung Heimat. Rund 140 Meilen vor der Basis gingen wir in den Segelflug und hielten 230 Knoten; der Fuel Flow[48] war dann fast Null."*

Der Autor im Cockpit – die Pocket-Kamera ist oft dabei

---

48   Fuel Flow = Kraftstoffdurchfluss in PPH (*pounds per hour*, Pfund pro Stunde)

Taktik-Einmaleins

Starfighterpiloten der Marine verwendeten eigene Einsatztaktiken. Kleine und große Formationen starteten in Zweierrotten, bei schlechtem Wetter mit 20 Sekunden Abstand zwischen den Rotten. Nach dem Abflug in der „Suppe" wurden die Elemente per Radar unter die Wolken geführt, um mit den anderen Teilen der Formation gemeinsam im Tiefflug über See weiterzufliegen. Das Auflösen und Zusammenfügen von Formationen ist ein schwieriger Job für den Leader, der die ganze Navigation, den Funkverkehr und das Timing an der „Backe" hat. Bei schlechten Sichten können Jets nur getrennt oder in *Close Formation* (enger Formation) fliegen. Bei guten Sichten im Tiefstflug werden die Jets weitestmöglich auseinandergezogen. Hauptzweck waren *Lookout* und Selbstschutz. Weiter als etwa drei Meilen draußen konnte man ein feindliches Flugzeug kaum sehen und die F-104 hatte nach hinten einen toten Winkel von 20 Grad.

Zwei taktische Formationen waren üblich. Anfangs flog man die *Fluid Four Formation*, bei der Nummer 1 und 3 querab *(line abreast)* in einem Abstand von 3000 bis 9000 Fuß flogen und Nummer 2 und 4 entweder 10 bis 20 Grad – als *Patrol* – oder 45 bis 60 Grad – als *Fighting Wing* – nach hinten versetzt waren. Später kam die *Double Attack Formation*, 5000 bis 7000 Fuß querab. Leader und Wingman konnten unterschiedliche Höhen fliegen *(stack high)*, um das gegnerische Radar zu verwirren. Die Piloten schauten vorwiegend zur gegenüberliegenden Maschine.

Bis heute werden alle Kurven in der Formation ohne Ankündigung über Funk geflogen. Bei einem *delayed turn* (einer verzögerten Kurve) dreht der erste Flieger hart mit mindestens 3 g in Richtung Partner bis zum 90-Grad-Punkt der Kurve. Der andere wartet, bis das erste Flugzeug 45 Grad gedreht hat und macht dann ebenfalls einen harten 90-Grad-Turn in die gleiche Richtung. Sichtet jemand in der Formation einen *Bandit* (Eindringling), geben alle Piloten erst einmal Nachbrenner, um Distanz zu gewinnen und ihre Energie zu erhöhen. Durchaus möglich, dass der Angreifer – selber im Nachbrenner und mit deutlich höherer Geschwindigkeit unterwegs – jetzt versucht, sich einen der Escorts zu schnappen, die bereits eine Abwehrkurve fliegen. Mit etwas Glück kann der andere Escort zum Gegenangriff ansetzen. Der nun folgende Luftkampf, ausgefochten nach altbekannten Regeln und mit festen Limits, wurde unter den Starfighter-Piloten engagiert ausgetragen. Sieger war, wer einen Kanonen- oder Raketenschuss mit dem Gun-Camera-Schießfilm *claimen* (beweisen) konnte; ein Funkspruch reichte nicht.

Auch wenn wir schon in Arizona Luftkampf-Grundkenntnisse erworben hatten und sich mancher wie ein kleiner Erich Hartmann fühlte, waren die spontanen „Gefechte" auf einem Übungsflug, wo keiner die Position des „Gegners" genau kannte, eine ganz andere Nummer. Plötzlich gab es noch Dunst, schlecht erkennbaren Horizont und weitere Formationsflieger, die man nicht außer Sicht verlieren durfte. Wenige Meter unter dem Starfighter schäumte das Meer, während er mit fast 1000 Sachen dahin raste.

Bei simulierten Luftkämpfen auf *Attack-Progression*-Tiefflügen oder in reservierten *TRA*-Lufträumen[41] wurden Jagdfliegertaktiken geübt, die schon zu Richthofens Zeiten galten. Die wichtigste Regel: Wer mehr Energie in Form von Geschwindigkeit und/oder Höhe hat, kann besser manövrieren; im 21. Jahrhundert heißt das *Energy Management*. Ein Angreifer befindet sich in bester Schussposition, wenn er genau hinter dem Ziel sitzt. Der *Angle Off* (die Winkeldifferenz) wird zwischen den verlängerten Flugzeugnasen der beiden Gegner gemessen; der Angegriffene muss versuchen, diesen Winkel durch hartes Manövrieren zum Angreifer so groß wie möglich zu machen, am besten sind 180 Grad.

Der Angreifer braucht auch Fahrtüberschuss, sonst verhungert er hinter seinem Ziel. 100 Knoten mehr am „Stau" bedeuten, dass man den Gegner mit ungefähr 170 Fuß pro Sekunde einholt. Für einen Angriff mit der Infrarot-Luft-Luft-Rakete *AIM-9B Sidewinder* waren 150 Knoten Überschuss nicht schlecht, das machte in größeren Höhen zum Beispiel Mach 1,15 beim Angreifer und Mach 0,85 beim Ziel. Kanonenangriffe mit der Vulcan-20-Millimeter klappten gut mit 50 bis 100 Knoten Fahrtüberschuss. Die Annäherung von maximaler AIM-9B-Infrarotraketen-Reichweite auf Kanonenreichweite dauerte rund 30 Sekunden.

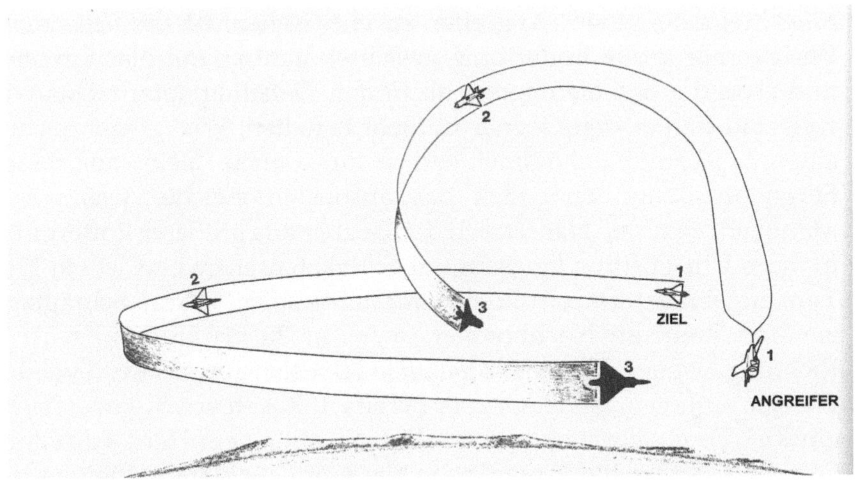

Das Hi-Yo-Yo-Manöver ermöglicht es dem Angreifer, trotz Fahrtüberschuss in Schussposition zu kommen.

Das „Ziel" wird hart kurven und versuchen, im Nachbrenner davonzurasen. Der Schütze kann wegen seines Fahrtüberschusses die enge Kurve oft nicht mitmachen und gerät auf die Außenseite. In diesem Moment könnte sich seine „Beute" aus dem Staub machen oder gar drehen und selbst zum Angreifer werden – der Jäger muss also etwas unternehmen.

Nehmen wir an, er verfolgt mit ordentlich Fahrtüberschuss sein Ziel und visiert einen Vorhaltepunkt an, bei dem er die Bordkanone rattern lassen will – ein klassischer *Lead Pursuit Attack*. Plötzlich fliegt der Angegriffene eine harte Ausweichkurve. Der Angreifer kann nicht mithalten, ohne sein Flugzeug zu überziehen und Energie zu vernichten. Darum wandelt er einen Teil seines Fahrtüberschusses mit einem *Hi-Yo-Yo*-Manöver in Höhe um. Er rollt leicht aus und behält seine g-Beschleunigung bei.

Das bringt die eigene Flugzeugnase über den Flugweg des Ziels, und er kommt auf die Innenseite des Drehkreises. Je größer sein Fahrtüberschuss oder der *Angle Off*, umso höher muss er ziehen. Sobald das getan ist, rollt der Angreifer wieder zurück in Richtung Ziel. Er ist nun etwas langsamer und kann wieder enger kurven. Dann bringt er die Flugzeugnase wieder vor den Gegner und setzt seinen Kanonenangriff fort.

Eine Methode, einem Angreifer zu entwischen, ist die *Separation*. Wird er auf große Entfernung gesichtet, geht es mit Nachbrenner und etwa 0 g Beschleunigung ab in den Tiefstflug. Jetzt nichts wie weg und immer den Gegner in Sicht behalten! Wer glaubt, es auf einen Luftkampf ankommen lassen zu können, bleibt auf seiner Flughöhe; dann nennt sich das ansonsten gleiche „Gas rein"-Manöver *Extension*. Nähert sich der Gegner aus größerer Entfernung in der 6-Uhr-Position langsam seiner Raketenreichweite, ist ein *Kick Turn* angebracht. Dazu rollt man auf mindestens 90 Grad Schräglage ein und dreht im Nachbrenner ungefähr 30 bis 45 Grad hart in Richtung Gegner. Mit einer *Separation* lässt sich anschließend wieder Energie aufholen. Ist der Gegner bereits in Raketenreichweite, reicht ein *Kick Turn* nicht mehr. Jetzt rollt man mit einem Hard Turn zum Gegner, zieht hoch oder senkt die Nase, um aus seiner Flugbahn zu kommen. In noch geringerer Entfernung kann ein *Break Turn* mit maximaler g-Kraft helfen. Wenn der Angreifer schon in Kanonenreichweite auf den Pelz gerückt ist, ist ein *Jink-Out* angesagt. Durch Drücken, Rollen und Ziehen, Rollen, Drücken und Ziehen wechselt das „Opfer" ruckartig und unberechenbar die Flugbahn vor der Nase des Gegners, um ihm das Zielen unmöglich zu machen. *Hard Turn*, *Break* und *Jink Out* sind Manöver des letzten Augenblicks.

Tagebucheintrag vom 01.06.81

Ich bin gerade mit 7 Kilo Leberkäse und 12 Grillwürstchen auf dem Weg von Manching nach Schleswig, da fällt in 26.000 Fuß der Kabinendruck ab und ich muss in Ingolstadt wieder runter. Wieder mal bin ich irgendwo hängen geblieben, bei bestem Wetter in der Nähe Münchens, und habe kein Zivilzeug dabei!

NATO-Basis „Deci"

Einmal im Jahr flog jeder von uns nach Sardinien. Die NATO-Basis Decimomannu, für uns nur „Deci", liegt etwa 20 Kilometer Luftlinie nordwestlich der sardischen Hauptstadt Cagliari. Zum Gelände gehört der 70 Kilometer entfernte Luft-Boden-Schießplatz *Capo Frasca Range* (Sperrgebiet R59 im Nordwesten) und das Sperrgebiet D40 (ACMI) für Luftkampfübungen und Luft-Luft-Schießen. Der Flugplatz bietet eine typisch italienische Kaserne mit spartanischen Unterkünften und Mehrbettzimmern.

Der Flug ins warme Sardinien war stets ein Highlight. Ich freute mich schon, wenn ich die sardische Küste erblickte und wir nach wenigen Minuten die Anfluggenehmigung erhielten. Nach der Landung gab es erstmal ein Bier, dann bezogen wir unsere Unterkunft und liefen schnurstracks zum *Banditen*, einem Restaurant um die Ecke. Deci war sehr beliebt, auch wenn es in den Unterkünften je nach Jahreszeit unerträglich kalt oder viel zu heiß sein konnte.

„Ganz schlimm war es, wenn der Scirocco aus der Sahara über das Mittelmeer fegte und mit 50 Grad Celsius Lufttemperatur und 95 Prozent Luftfeuchtigkeit über die Insel herfiel", erinnert sich Ringo Suhr. *„Wir verlegten zwei- bis dreimal im Jahr mit einem kompletten Kommando nach Deci – mit eigenen Flugzeugen, eigener Technik, eigenen Bodengeräten und Fahrzeugen. Dadurch waren wir erfahren und flexibel. Gerade bei der hoch motivierten Technik lautete das Motto: Es gibt nichts, was die Navy nicht kann. Wir flogen, egal, wie die äußeren Umstände waren.*

Als einmal die Flugplatzfeuerwehr streikte, nahm sich unser Einsatzleiter den Kommandanten zur Brust, und der Flugbetrieb ging weiter. Hatte der Schießplatz Frasca wegen zu hohen Seegangs zu, machte die Marine einfach Seeflüge rund um Malta, Korsika oder Sizilien, verbotenerweise auch nach Karthago."

Einige Tage vor den Piloten war schon das technische Kommando des jeweiligen Fliegerhorsts mit Gerät und Werkzeug angereist. Es nutzte Routine-Transalls der Luftwaffe, die im Pendelverkehr zwischen Deutschland und Sardinien hin- und herflogen.

An den Wochenenden ging es mit dem VW Passat des Militärpfarrers zum Baden nach Monte Nai an die Costa Rei. Bei kälterem Wetter fuhren wir in die Berge rund um Nuoro oder besuchten Alghero und Sassari, deren Einheimische mit ihrem Alt-Katalanisch man kaum verstand.

Auf dem Heimflug nach Deutschland landete die Formation oft auf der Luftwaffen-Basis Bremgarten bei Freiburg zwischen. Waren „erhebliche" Zollwaren an Bord, konnten die Piloten mit dem Codewort *Yellow Crocodile* sicherstellen, dass Schnaps und Zigaretten rechtzeitig und diskret von F-104-Technikern „geborgen" wurden.

Ingomar „Ringo" Suhr, Fregattenkapitän a. D.

Suhr, Jahrgang 1943, ging 1965 zur Bundesmarine. Mit 17 Jahren und über 3200 Flugstunden auf der F-104 gehört er zu den erfahrensten Starfighter-Piloten der Welt. Suhr diente in diversen Stabs- und Leitungsfunktionen (u. a. Staffelkapitän) auf F-104 und Tornado und ging 1989 in den Ruhestand. Anschließend war er 13 Jahre lang Lufthansa-Fluglehrer und Kopilot auf der Boeing B737.

Ringo Suhr und Bundespräsident Karl Carstens bei dessen Besuch im Marinefliegergeschwader 2 in Eggebek bei Flensburg, 1984.

Tagebucheintrag vom 09.07.80

Abholung einer F-104 von MBB in Ingolstadt. Bei strömendem Regen die übliche Bestellung eingeladen: 10 kg Leberkäs, 74 Brezen, 20 Weißwürste.

Cross-Country

An den Wochenenden gingen wir gern auf *Cross-Country*, amtlich: auf einen *Langstreckennavigationsübungsflug*. Er war im TCTP vermerkt wie die anderen Einsätze und musste daher auch „abgehakt" werden. Nichts lieber als das! Man suchte sich einen passenden Kumpel, heckte ein schönes Reiseziel aus (es musste im grauen DIN-A5-Plastikband der Zentralen Dienstvorschrift 19/5 „Auslandsflüge" vermerkt sein) und beantragte die Tour einige Wochen vor dem geplanten Termin auf dem Dienstweg beim Luftwaffenamt, das in diesem Fall auch für Marineflugzeuge oder Heereshubschrauber zuständig war. Mit der Genehmigung wurde eine *Diplomatic Clearance* mit dazugehöriger DCN-Nummer vergeben. Mit dieser in der Tasche konnte der Flug im Geschwader fest reserviert werden. Die Navigationsabteilung FS 34 fertigte Flugkarten an, und am Abflugtag – stets einem Freitagmorgen – standen zwei frisch aufgetankte F-104G auf dem Vorfeld.

Cross-Countries sollten die fliegerischen Fähigkeiten verbessern. Daher waren auf dem Hinweg zwei Flugabschnitte gefordert, auf dem Rückweg nach Möglichkeit mindestens einer. Ein Lieblingsziel war der Fliegerhorst Beja in Portugal, den sich seinerzeit die deutsche Luftwaffe mit den Portugiesen teilte. Dort gab es eine gute technische Versorgung und immer jemanden, der einen VW Käfer zum Wochenende vermietete. Damit fuhren die Piloten dann weiter nach Albufeira an die Algarve-Küste, um im Touristenhotel *Solimar* abzusteigen. Am Montagmorgen ging es wieder zurück nach Beja und heimwärts; meist schmerzte dann der sonnenverbrannte Rücken unter dem straffen Gurtzeug des Schleudersitzes.

Als Zwischenlandeplatz war Bremgarten bei Freiburg recht beliebt, weil sich die dortige Flugabfertigung *(Base Ops)* gut mit dem benachbarten französischen Luftraum auskannte. Andere bewährte

Zwischenlandeplätze waren Istres bei Marseille (mit seiner ellenlangen Start- und Landebahn) und Bordeaux. Der große Flughafen besaß ein kleines Militärareal mit einer Mechanikerkantine, in der es traumhafte Käsebaguettes gab.

Ich flog in die Türkei oder nach Island, manchmal auch einfach nach Frankreich, um bei einem Flugtag der Marineflieger in Landivisiau bei Brest einen Starfighter zu präsentieren. So „simpel" die Überlandflüge, verglichen mit Abfangjagd oder Schießtraining, auch scheinen mochten – jeder von uns erlebte auf Auslandstrips etwas Ungewöhnliches. Die Flugverfahren der 1970er und frühen 1980er Jahre waren in Europa weit weniger einheitlich als heute. Radar fehlte an vielen Orten, und die Lotsen sprachen oft grottenschlecht Englisch. Über Frankreich wurden Militärflugzeuge strikt von Zivilmaschinen getrennt und von militärischen Radarlotsen über militärische TACAN-Funkfeuer auf OAT-Routen[49] geführt. Das diente wohl mehr der „Umfliegung" von Air-France-Maschinen und wurde nicht selten von Sprachschwierigkeiten der Lotsen behindert; einmal geriet meine Formation unter „OAT-Contrôle" direkt in den Flugweg eines Airliners und musste selbstständig ausweichen.

Die F-104 hatte kein VHF-Funkgerät. Das führte in Einzelfällen zu Problemen, denn der internationale Flugfunkverkehr wird auf VHF und nicht auf militärischen UHF-Kanälen abgewickelt. Auch auf UHF ging es nicht immer reibungslos voran. Die endlosen Kontaktversuche mit *Roma Control* waren Legende und blieben mir ebenso in Erinnerung wie unsere vielen *Calls in the Blind* (Funksprüche, wenn man keine Antwort erwartet) oder die Übermittlungsversuche unserer technisch üppiger ausgestatteten Bréguet Atlantic.

Manchmal vertaten sich Piloten ein wenig bei der Planung. *„Wir machten eine ungeplante Nachtlandung im türkischen Cigli"*, berichtet Ringo Suhr. *„Die zwei Stunden Zeitverlust nach Osten hatten wir nicht einkalkuliert. Als wir landen wollten, gab es nichts: kein TACAN, kein*

---

[49]　　OAT = Operational Air Traffic, militärischer Flugverkehr, im Gegensatz zum zivilen GAT, General Air Traffic

*GCA – selbst die Flugplatzbeleuchtung war ausgeschaltet, da das Personal
schon zu Hause war."*

Am Montag Mittag landeten die Cross-Country-Piloten stets müde,
aber zufrieden wieder in Schleswig-Jagel oder Eggebek. Sie hatten
etwas erlebt und einen Batzen mehr Flugstunden im Logbuch – das
war gerade für junge Startfähiger-Piloten eine wichtige Sache.

Manche Flüge hatten ein Nachspiel. Auf meinem ersten Portugaltrip
trafen wir in der Kellerdisco des *Solimar* ein paar nette Schwedinnen;
wie es das Schicksal es wollte, verliebte sich mein Leader in eine der
jungen Damen. Nach einem gemeinsamen Tag am Strand flogen wir
heim. Von da an war mein Kumpel fast jedes Wochenende in
Schweden, um seine neue Freundin zu besuchen. Eines Tages, wir
spielten gerade vor der Staffel Fußball, wurde ich ins Büro des
Staffelkapitäns gerufen. Ich wähnte mich in einem Agentenfilm, als
ich zwei Herren in Trenchcoats erblickte; wie sich herausstellte,
waren sie vom Militärischen Abschirmdienst und mochten ihre
Namen nicht preisgeben. Einer der beiden fragte mich, ob ich vor
einigen Wochen in Portugal gewesen war und mit meinem Kumpel
junge Schwedinnen kennengelernt hatte. Ich nickte, und er fragte:
„Kennen Sie die finanzielle Situation ihres Kameraden?" Ich erwiderte
wahrheitsgemäß, keine Ahnung von seinen privaten Verhältnissen
zu haben und wollte wissen, was eigentlich los war. *„Wir können nicht
ausschließen, dass NATO-Piloten von DDR-Agentinnen angeworben
werden"*, meinte einer der beiden MAD-Leute.

Ich musste ein Lachen unterdrücken. Zwei Bundeswehrpiloten,
angeworben von Spioninnen! Das hatte was. *„Schweden ist ein
Umschlagplatz für DDR-Waren und Aufenthaltsort von Agenten"*,
erklärte der andere. *„Da muss man die Augen offen halten. Melden Sie
bitte, wenn Ihnen irgendetwas Seltsames auffällt."* Ich verabschiedete
mich von dem merkwürdigen Team und lief zum Fußballplatz, um
meinem Freund sofort von dem „Verhör" zu berichten. Ein Weilchen
später wurde ich zu einer zünftigen deutsch-schwedischen Hochzeit
eingeladen, und bis heute hat niemand versucht, uns anzuwerben.

Kalter Krieg über der Ostsee

Nach 40 Jahren Bundesrepublik sollte man eine neue Generation in Deutschland nicht über die Chancen einer Wiedervereinigung belügen. Es gibt sie nicht.

Gerhard Schröder[50]

Tauwetter...?

Anfang der 1970er-Jahre berichteten die Medien von einem Tauwetter zwischen den Machtblöcken und den vielen Verträgen zur Normalisierung der Beziehungen[51]; bis heute erinnern sich Polen und Deutsche an den Kniefall von Bundeskanzler Willy Brandt am Ehrenmal des Warschauer Ghettos.

1971 wurde Walter Ulbricht, Erster Sekretär des Zentralkomitees der SED und Vorsitzender des DDR-Staatsrats, von Erich Honecker abgelöst. Ulbricht hatte 1961 die Mauer gebaut; jeder war froh, den alten Spitzbart gehen zu sehen. Plötzlich schienen Deutschland-Ost und West aufeinander zuzugehen. Die DDR sprach von *friedlicher Koexistenz* zweier unterschiedlicher Klassensysteme, und der Westen begann dem „Arbeiter- und Bauernstaat" neue Seiten abzugewinnen. Gab es dort nicht Vollbeschäftigung, Kinderbetreuung und eine 100-prozentige Gleichstellung der Frau? War dieses kleine Ostblockland vielleicht gar auf dem Weg zu einem gerechteren Gesellschaftssystem?

---

50   Aus der *BILD* vom 11. Juni 1989, zitiert nach einer Bundestagsrede von Wolfgang Gerhardt, 13/247 vom 3. September 1998, Quelle: www.bundestag.de

51   Der „Moskauer Vertrag" vom 2. August 1970 betraf den Ausbau bilateraler Beziehungen, einen gegenseitigen Gewaltverzicht und die Anerkennung der Unverletzlichkeit bestehender Grenzen. Der „Warschauer Vertrag" vom 7. Dezember 1970 regelte die Anerkennung von Polens Westgrenzen und die Normalisierung der wechselseitigen Beziehungen.

Planwirtschaft und eine einseitige Ausrichtung auf die östlichen Partnerländer hatten die DDR längst in die Pleite getrieben. Der oberste Devisenbeschaffer der DDR, Alexander Schalck-Golodkowski, musste im großen Stil Kunstschätze und andere wertvolle Güter in den Westen verkaufen. Als ausgerechnet der CSU-Politiker und bayrische Ministerpräsident Franz-Josef Strauß mit ihm 1983 einen Milliardenkredit für die DDR einfädelte, war dies eine Sensation.

Ansonsten interessierten sich die West-Bürger herzlich wenig für die „armen Brüder und Schwestern im Osten", zumal nicht jeder dort Verwandtschaft hatte. In meiner Schulklasse wusste kaum jemand, wo Riesa oder Neubrandenburg liegen. Die DDR war einfach ein graues, unbekanntes Land, fern wie Nordkorea, und eine Wiedervereinigung so unrealistisch wie eine Reise zum Mars. Führende westliche Politiker zweifelten öffentlich an ihrem Sinn.

Militärisch hatte sich indes bei allem „Tauwetter" nichts geändert. Im Gegenteil: Das Wettrüsten ging erst richtig los. Militärs in Ost und West ließen sich nicht vom Kurs abbringen und schoben weiter Dienst am Eisernen Vorhang, als ob nichts gewesen wäre. Wir Soldaten mussten uns selbst einen Reim auf die „große Sicherheitspolitik" machen.

Landungsboot der DDR-„Frosch"-Klasse in der Ostsee beim Manöverschießen

Das Meer des Friedens

Die BRD-Marineluftwaffe ist zweifellos die kampfstärkste Waffengattung der Bundesmarine.

Marine-Kalender der DDR, 1973

Westdeutsche Marinepiloten flogen mindestens 80 Prozent ihrer Einsätze über Wasser, meist über der Ostsee. In der DDR fand seit 1958 jährlich eine internationale Ostseewoche als Gegenstück zur Kieler Woche statt. Das Motto lautete: *Die Ostsee muss ein Meer des Friedens sein.* Das wurde bei uns Westfliegern schnell zum geflügelten Wort. Frieden ist nun einmal ein dehnbarer Begriff; nach unserer Beobachtung bedeutete er die massive Präsenz von Schiffen und Flugzeugen in der Ostsee. Natürlich fragten wir uns, wie sicher die von allen Seiten als vorteilhaft beschworene militärische Pattsituation eigentlich war und was Soldaten beider Seiten über einander dachten.

„Ich glaube nicht, dass viele von uns Pilot wurden, um die sogenannte Freie Welt gegen den Warschauer Pakt zu verteidigen", stellt Fregattenkapitän a. D. Jan Wiedemann fest. *„Die NVA versuchte, ihren Soldaten das ‚Feindbild NATO' einzubläuen. Wie ich später von ehemaligen NVA-Angehörigen erfuhr, glaubte nur ein geringer Teil der Besatzungen der Schiffe, was ihre Polit-Offiziere ihnen weismachen wollten."* Diese wurden nicht müde, die Überlegenheit der Warschauer-Pakt-Mächte zu betonen, passend zur Überzeugung des Marine-Kalenders der DDR: *„Bei einem ‚Blitzüberfall' im Ostseeraum hätten ihre Piloten [...] trotz ihrer technischen und taktischen Perfektionierung keine Überlebenschance – das garantieren vor allem die See- und Seeluftstreitkräfte der sozialistischen Ostseeanliegerstaaten."*

Ringo Suhr drückt aus, was wohl die meisten von uns dachten: *„Wir hatten eine starke Abneigung gegen das DDR-Regime – eine persönliche Antipathie gegen die ‚Brüder von drüben' gab es nicht."*

Schweden war – wie die Schweiz und Österreich – neutral und damit für NATO-Flieger gesperrt wie der Ostblock. Irgendwann trugen wir die schwedische 12-Meilen-Zone mit Filzstift dick in unsere Tiefflugkarten ein. Es hatte öfters Ärger gegeben, denn unsere Jetpiloten waren bei Aufklärungsflügen im Gebiet nördlich von Bornholm und um Gotland etwas zu großzügig mit der Navigation umgegangen. *„Das Trägheitsnavigationssystem der F-104 war halt ungenau"*, erklärt Gerd Kiehnle augenzwinkernd. *„Da konnte man schon mal durch schwedische Jagdflugzeuge abgefangen werden und eine diplomatische Beschwerde kassieren."*

Nicht alle Trips gingen so unangenehm aus, denn auch die „Neutralen" verstanden Spaß. *„Wir lieferten uns rund um Bornholm regelrechte Luftschlachten mit schwedischen Saab Draken und Saab Viggen"*, erzählt Ringo Suhr mit sichtlichem Vergnügen. *„Das waren Luftkämpfe zwischen 50 und 200 Fuß mit Geschwindigkeiten bis über Mach 1, die unheimlich Spaß machten."*

Russischer U-Boot-Aufklärer BE 12 „Mail" über der Ostsee.

Erlebnisse mit Ostkräften

Die meisten Starfighterpiloten hatten irgendwann „ihr" erstes russisches Flugzeug gesehen und einen roten Flottenverband überflogen; das war in der engen Ostsee kaum zu vermeiden. Allerdings überwogen die Begegnungen mit Ost-Schiffen, was uns Marineflieger nicht weiter störte; wir waren ziemlich fit in Schiffserkennung. Bei allem Training konnte es allerdings schon mal zu Verwechslungen kommen. Eines Tages flog ich im Doppelsitzer an Dänemarks Ostküste vorbei, als in der Nähe des Feuerschiffs *Horns Rev*[52] deutsche Militärschiffe auftauchten. Wir beschlossen, ein paar spontane Übungsangriffe zu machen, denn das war uns Marinefliegern jederzeit erlaubt. Ich pullte also hoch, rollte zu einem simulierten 10-Grad-Raketenangriff ein und zielte. Kaum hatte ich wieder abgefangen, als Leh vom hinteren Cockpit „*Russians!*" ausrief. Tatsächlich: Wir hatten gerade sowjetische Nanuchka-und Shershen-Schnellboote angegriffen!

Unsere geringe Reichweite war oft ein Problem. „*Ich hatte Kontakt mit polnischen MiG-21 und 29, die aber gleich nach Süden abdrehten*", berichtet Hanns Krekeler. „*Wir konnten nicht hinterher und mussten von Bornholm wieder nach Hause, weil wir nicht genug Sprit hatten.*"

Immerhin gab die dänische Radarstation auf Bornholm meist gute Informationen und dirigierte uns zu verdächtigen Kontakten. „*Ich hatte östlich von Bornholm ab und zu Berührung mit sowjetischen Marinefliegern*", berichtet Ringo Suhr, „*meist Badger oder Blinder, die in Höhen von 8000 bis 15.000 Fuß flogen – man konnte sie herrlich mit einem Immelmann aus dem Tiefflug intercepten. Seltener sah man mal eine Rotte Su-22 Fitter, später auch Su-24 Fencer, die immer, wenn wir sie entdeckt hatten, nach Osten abdrehten. Sowjetische Blinder-Fernaufklärer machten sich nach ihrer Entdeckung gern einen Spaß: Wenn man von unten entgegen kam, mit einem Immelmann hinter sie gelangte oder plötzlich unerkannt an ihrer ‚Wing' auftauchte, versuchten sie mit ‚full throttle'*

---

[52] Das Horns Rev, auch Horns Riff, ist eine lang gestreckte, aus zwei Hauptteilen bestehende Sandbank in der östlichen Nordsee vor der Küste Dänemarks. Von 1914 bis 1980, mit kriegsbedingten Unterbrechungen, lag ein dänisches Feuerschiff am Horns Rev, um die Umfahrt um das Riff und die Einfahrt nach Esbjerg zu sichern.

abzuhauen. Führte das nicht zum Erfolg, machten sie eine Vollbremsung. Wir konnten mit unseren Jets nicht mithalten und liefen Gefahr, gerade bei Ausweichmanövern schnell an unsere Stall-Geschwindigkeit zu geraten.[53] So winkte man sich freundlich von Cockpit zu Cockpit zu und zeigte auch mal den Centerfold eines Playboys hinüber – was ein ,thumbs up' des Russen zur Folge hatte."

Was war mit den deutschen Ostfliegern? *„Die wenigen Fitter der NVA-Volksmarine habe ich nie zu Gesicht bekommen"*, bedauert Ringo Suhr. *„Dafür konnte man manchmal eine ,naseweise' MIG 21 Fishbed der NVA-Luftwaffe entdecken, die ganz schnell zur Küste abdrehte und sich mit kochendem Nachbrenner einem Intercept oder gar einem ,Luftkampf' entzog. Solche Begegnungen wurden wohl von der Radarführung der NVA-Luftwaffe verhindert."*

Einmal führten mich die Bornholmer Radar-Leute zu einem verdächtigen Kontakt, doch an der bezeichneten Position war nichts zu sehen. Unter mir lag eine geschlossene Wolkendecke, darüber war freie Sicht. Der Lotse beharrte, es müsste dort zwei Flugzeuge mit langsamer Geschwindigkeit geben. Ich beschloss, in die Wolkendecke einzutauchen und nachzusehen. Und wirklich: Da flog eine große russische Viermot vor sich hin! Ich meldete den Fund und hörte wieder: *„There must be another aircraft"*. Ich ging noch etwas tiefer und erblickte einen identischen Bomber, der in der „Suppe" wie ein Goldfisch unter dem ersten her flog und dessen Kurven synchron mitmachte – eine interessante *undercover formation.*

Die dicken viermotorigen Brummer flogen offenbar ebenso gern „konspirativ" herum wie unsere Bréguet Atlantic-Maschinen, die unbemerkt ihr eigenes Ding drehten. *„Wir waren mit einer 3-Ship[54] auf einem großen Manöver in Sola/Nordnorwegen"*, erzählt Jo Rammer. *„Dort hatten wir den Auftrag, nach einem großen Schiffsverband zu suchen und den auch gleich simuliert anzugreifen. Ein großer Teil der Norwegensee*

---

53   Stall = Strömungsabriss am Flügel

54   3-Ship = Dreierformation

Josef „Jo" Rammer, Fregattenkapitän a. D.

Rammer machte seinen ersten Alleinflug in einem Mü-13E-Segelflugzeug, einem Vorgänger des Bergfalken, im zarten Alter von 13 Jahren (*„ohne Funksprech und dergleichen unnützem Ballast"*). Nach der Ausbildung zum Marineflieger, Piloten- und Fluglehrereinsatz auf Starfighter und Tornado, gefolgt von Stabstätigkeit, wurde Rammer Kommandeur der Fliegenden Gruppe im MFG2. Er ging ins Verteidigungsministerium und verließ die Marine, um auf Learjet Zieldarstellung für die Bundeswehr zu fliegen. Fazit: *„Der Job ist gar nicht so schlecht, wenn man sich erst einmal daran gewöhnt hat, dass man permanent beschossen wird."*

„Jo" Rammer als Oberleutnant zur See vor seinem Starfighter. Er trägt den „Frankenstein" mit Schwimmweste.

war mit pottendichtem Seenebel bedeckt, die Obergrenze lag bei 700 Fuß; darüber war glasklare Luft mit Sichten, dass man die Russen in der Taiga tanzen sehen konnte.

Wir suchten hauptsächlich mit dem Radar. Plötzlich hörten wir auf der Manöverfrequenz einen No-Play-Spruch[55]: Ein am Manöver teilnehmendes Schiff gab seine Position durch, etwa 300 Seemeilen nordwestlich von Sola – also ‚in the middle of nowhere' –, und berichtete, dass der Verband seit zwei Stunden von einem kreisenden Flugzeug begleitet wurde. Nichts wie hin – und siehe da! Da flog ein russischer Bear in etwa 2000 Fuß Höhe. Ich hatte dieses Riesenflugzeug noch nie gesehen. Ein wenig Formation Flying, ein paar Bilder mit der Gun-Camera, und alle waren happy."

Manchmal gab es auch Ausflüge über unbekanntes Terrain. Peter Kretschmann berichtet: *„Das Navigationssystem der F-104 war etwas steinzeitlich, besonders, wenn man es lateralen Beschleunigungen aussetzte. Nach 15 Minuten Luftkampfübung konnte es einem mitteilen, dass man sich irgendwo in Nordeuropa befand – wenn man Glück hatte.*

Einmal begaben wir uns in Zweierformation in einem Hoch-Tief-Profil auf einen Aufklärungsflug in die Ostsee jenseits von Bornholm. Wir flogen RF-104G-Aufklärer, übrigens die einzige F-104-Variante, in der man auf einem Cross-Country seine gesamte Skiausrüstung verstauen konnte. Wir hatten genug Treibstoff für einen eineinhalbstündigen Ausflug in den Kannen. Bis Bornholm flogen wir in 25.000 Fuß und begannen dann unseren Sinkflug unter der Kontrolle der dänischen Abfangkontrollstation.

Die Wolken rissen auf, und wir sahen die Ostsee klar wie einen riesigen Ententeich vor uns liegen. Nachdem wir einige Radarziele angeflogen und Fotoserien von vereinzelten Kriegsschiffen des Warschauer Pakts geschossen hatten (und Segeljachten mit mehr oder weniger bekleideten Damen an Deck), entdeckte der Rottenführer aus dem Tiefflug ein Flugobjekt. Wir entschieden uns, mal nachzusehen. Nachbrenner rein und beschleunigen! Die fremde Maschine wurde immer größer; bald konnten wir ausmachen, dass es ein sowjetischer Badger-Bomber war. Seine Crew hatte uns in diesem Moment auch gesehen, beschleunigte und begann, im Tiefstflug zu manövrieren. Die Maschine flog fast im Wasser – nur im

---

Peter Kretschmann, Kapitänleutnant a. D.

Der Lübecker, Jahrgang 1954, trat 1972 in die Luftwaffe ein. Nach einer Ausbildung zum Radarfrühwarnspezialisten, Offiziersschule und Studium der Elektrotechnik ging er in die Jetausbildung. Kretschmann wechselte noch in Texas zur Bundesmarine und flog später Starfighter im Marinefliegergeschwader 2, war Adjutant des Kommandeurs Marinefliegerdivision und Fluglehrer in Texas. Er verließ die Marine vorzeitig, um Pilot bei Delta Air Lines in den USA zu werden. Er flog zuletzt die Boeing B777 (mit Flugerfahrung auf DC-9, B737, B757, B767, MD-11) und lebt heute mit seiner Familie auf Martha's Vineyard, Massachusetts.

Peter Kretschmann beim Outside Check.

Kurvenflug stieg sie etwas, um die Tragfläche aus dem Nassbereich zu halten. Es war beeindruckend, wie schnell und beweglich das große Flugzeug da unten war. Ein Blick auf die Tankanzeige: Bingo! Wir mussten die Verfolgung abbrechen, um unseren Low-Level-Heimflug machen zu können. Durch unsere aggressiven Manöver arbeitete unsere Navigationsplattform nicht mehr zuverlässig. Wer in der Ostsee geflogen oder gesegelt ist, weiß, dass es dort herausragende geologische Besonderheiten gibt. Also – Radar an und nach den Kreideklippen von Møns Klint suchen, dann etwas südlich davon halten und man wusste wieder, wo man war. Und da war es auch, das Radarecho! Weiter im Tiefflug, etwas südlich, die Sicht wurde wieder ,schleswig-holsteinisch'; weiter ging es.

Warum war da Land südlich von Møn? Wir flogen jetzt südlich der Kreidefelsen, aber das Wasser hörte auf ... Mist ... RÜGEN! Nun aber ganz tief und schnell über die Insel und ab nach Norden! Drei Minuten über Wasser und dann wieder westwärts, heimwärts. Wir haben nie etwas auf diplomatischem Wege gehört – unsere ,NVA-Brüder' saßen wohl in der Kantine und spielten Schafkopf."

Polnische MiG-15 über der Ostsee

Aufklärer

Unsere Führung gab selten vernünftige Vorabinfos über Warschauer-Pakt-Einheiten auf See heraus.

Hanns Krekeler

Marineflieger mussten die Schiffe und Flugzeuge des potenziellen Gegners kennen. Jeden Morgen wurde beim Briefing ein Erkennungsfoto gezeigt, das man genau mit Waffen und deren Reichweiten beschreiben sollte. Aufklärung heißt im militärischen Sprachgebrauch *Reconnaissance;* unser Einsatzgebiet bot dafür geradezu ideale Voraussetzungen, denn die Ostsee war ein Schaufenster aller gängigen WP-Schiffe und Flugzeuge.

Das Marinefliegergeschwader 2 in Eggebek bei Flensburg flog im Gegensatz zum MFG1 auch Starfighter mit *Recce*-Ausrüstung. Diese RF-104G hatten keine Bordkanone, dafür ein Kamerasystem; ansonsten konnten sie wie die „normalen" Starfighter auch Bomben und Luft-Boden-Raketen tragen.

„Reine" Aufklärer auf die RF-104G und Phantom RF-4E – deren Aufklärungsgeschwader AG52 in Leck nahe der dänischen Grenze lag – hatten einen gewissen Ruf. Einerseits hatten die „Fotospezialisten" einen anspruchsvollen Job und mussten im Ernstfall weit vor einem möglichen Kampfeinsatz hinter den feindlichen Linien Aufklärungsinformationen beschaffen. Andererseits war die spezielle Art der Fliegerei, mit geringer Schräglage zum besseren Fotografieren, doch sehr entfernt von dem, was Kampfpiloten üblicherweise trieben: mit dem „Messer quer" und unter hoher g-Belastung in Luftkampfübungen und beim Schießen herum zu düsen. Recce-Piloten wurden von uns ungerechterweise für zahnlos gehalten. *Vom Gunner zum Spanner* hieß es, wenn jemand von einem Jabo-Geschwader zu den Aufklärern wechselte. Was für ein Unsinn, aber auf irgend jemandem musste man ja schließlich herumhacken. Was es mit den Aufklärern wirklich auf sich hatte, erklärt gleich ein Fachbeitrag.

Die Seeluftstreitkräfte der Sowjetunion der frühen 1970er Jahre

• 500 landgestützte Bomber und 370 andere Kampfflugzeuge mit rund 45.000 Mann Personal (überwiegend zugeordnet den vier Flotten im Nordmeer, in der Ostsee, im Schwarzen Meer und im Fernen Osten)

• Marineflieger (der Luftverteidigung unterstellt)

• Tu-16 Badger, Aufklärer und Angreifer mit einer Reichweite von ca. 1650 NM (als Aufklärer) und 1350 NM (in der Angriffsversion); rund 200 Maschinen mit dem Luft-Boden-Flugkörper Kipper. Die Badger wurden Mitte der 1970er-Jahre durch den Überschallbomber Tu-22 Blinder ersetzt.

• Tu-20 Bear, ein viermotoriges Turbopropflugzeug zur Aufklärung auf große Distanzen, eine militärische Version des Zivilflugzeugs Tu-114

• Il-28 Beagle, Torpedoträger und Minenleger • Be-12 Mail, Wasserflugzeug zur U-Boot-Aufklärung• Mi-4 Hound, Hubschrauber für U-Jagd und Kampfzone mit zwei Torpedos und Luft-Boden-Flugkörpern[56]

Als Jabo-Piloten wurden wir ständig zur Aufklärung losgeschickt, auch wenn wir nicht knipsen konnten. „Wir flogen in die Ostsee, um deren Schiffe zu melden", erklärt Hanns Krekeler. *„Jemand machte daraus in Glücksburg die große Lage."* Wie man die Ostfahrzeuge finden sollte, war uns überlassen. *„Unsere Messboote lieferten Funkpeilungen von WP-Fahrzeugen, aber keine Kreuzpeilungen"*, erinnert sich Krekeler. *„Daher gab es keine genaue Position, und wir sollten mal nachgucken."*

Die Kameraden in Eggebek bekamen zwar auch keine anderen Infos, lieferten dafür aber Handfestes nach Hause. *„Die Fotoaufklärer brachten gestochen scharfe Aufnahmen mit, tolle Details. Uns Jabos hätte*

---

[56]   vgl. *Jahrbuch der deutschen Marine*, Carl Schünemann Verlag, Bremen 1973

man gar nicht zum Aufklären schicken müssen", bestätigt Hanns Krekeler.

Ich hatte nur selten Gelegenheit, einmal eine RF-104G des Nachbargeschwaders zu fliegen. Ausgebildet war ich in der Fotografenrolle im Gegensatz zu den Piloten des MFG2 nicht. Sie waren Jabos und „Reccetiere" zugleich, was ihnen Spaß machte und ihr Selbstbewusstsein steigerte. Axel Ostermann, begeisterter Fotograf, Buchautor und langjähriger Leader des Starfighter-Marinekunstflugteams *Vikings*, erzählt von seinem Job als Recce-Pilot:

„Als ich 1973 am Ende meiner Ausbildung zum Marineoffizier aus persönlichen Gründen einen Job an Land suchte, bot man mir eine Verwendung als ‚Bildoffizier' im MFG2 an. Bildoffizier? MFG? Ich hatte damals keine Ahnung, was sich dahinter verbarg. Im Rahmen einer kleinen Einweisung lernte ich, dass die Marine auch Marinefliegergeschwader, also MFG, besaß und dass es im MFG2 eine Starfighter-Aufklärungsstaffel gab, deren Flugzeuge mit Kameras ausgerüstet waren. Es würden, so sprach man, während eines Fluges taktische Ziele fotografiert und die Bilder nach dem Flug am Boden ausgewertet. Hierfür gäbe es einen Bildzug mit einem Leiter im Range eines Kapitänleutnants, zwei Bildoffizieren, Auswertern, Technikern und Laborpersonal. Einer der Bildoffiziere sollte ich also sein. Aufgrund meines starken Interesses am Fotografieren kam mir das sehr entgegen.

Um meine künftigen Aufgaben meistern zu können, wurde ich ein halbes Jahr lang bei der Luftwaffe in Fürstenfeldbruck zum Luftbildoffizier ausgebildet und erhielt zusätzlich zwei Spezialausbildungen in Wyton bei der Royal Air Force und beim damaligen Aufklärungsgeschwader (AG) 51 in Bremgarten, u. a. in der Infrarot-, Seitensichtradar- und Restlichtaufklärung.

Im Herbst 1974 wusste ich ungefähr, was ein Bildoffizier ist und überhaupt, dass es ‚Reccetiere', wie man die Aufklärungspiloten scherzhaft bezeichnete, gab. Diese Bezeichnung war angelehnt an den englischen Begriff ‚recceteer', der in den 1960er-Jahren einst vier erfahrene RAF-Aufklärungspiloten, die in ihrem Zusammenhalt an die vier Musketiere erinnerten, anerkennend verliehen worden war. Ansonsten steht ‚recce' natürlich für ‚Reconnaissance', also Aufklärung.

Warum überhaupt Luftaufklärung, fragte ich mich anfangs. Schnell wurde mir klargemacht, dass zum ersten der Zeitgewinn zur Nachrichtengewinnung enorm war. Zweitens hat Luftaufklärung eine aktive Komponente; man muss nicht warten, bis der Gegner etwas unternimmt. Drittens sind hinsichtlich des Aussagewerts eines Luftbilds die Informationen objektiv und messbar; sofern man hierfür ein Kamerasystem sein Eigen nennen konnte.

Damals besaßen die Marine-Starfighter drei einander überlappende optische Vinten-Kameras (unter Fachleuten als Trimetrogon bezeichnet), die sich am unteren Teil des Flugzeugrumpfs befanden und einen Winkel von 120 Grad quer zur Flugrichtung abdeckten. Der Pilot musste also mehr oder weniger direkt übers Ziel fliegen, um sicher zu sein, es auch erfasst zu haben. Die Ziele selbst waren vielfältig: marinebezogen natürlich in erster Linie Schiffe und Schiffsverbände, Hafenanlagen, (U-Boot-) Antennen, Radar- und Flugabwehrstellungen in Küstennähe, aber auch Werften und andere Industrieanlagen, die von militärischer Bedeutung sein konnten.

Durch die engen Beziehungen zur Luftwaffe klärten die Marineflieger auch Ziele im Inland auf, ja sogar Bewegungen von Heeresverbänden, da diese zu einem Landungsverband zusammengestellt werden konnten und damit aus maritimer Sicht von großem Interesse waren.

Dem Piloten stand für seine Aufklärungsaufgaben nichts weiter als ein kleines Bedienpanel und sein ‚feeling‘ zur Verfügung. Genaues Studium des Zielgebiets und dessen Umgebung vor dem Flug war entscheidend. ‚Reccetiere‘ waren oft ‚single‘ unterwegs und auf sich allein gestellt. Wichtig in der damals computer- und displaylosen Zeit war die handgefertigte Karte, die meist zu einem ‚booklet‘ zusammengeklebt war, das während des Flugs seinen Platz auf dem ‚clipboard‘ des Piloten hatte. Der gesamte Flugweg vom Start bis zur Landung war mit Zeitangaben im Minutentakt in dem ‚booklet‘ Maßstab 1: 500.000 enthalten. Für die kritischen Endanflüge zu den Zielen musste sich der Pilot Kartenfolder im Maßstab 1: 50.000 zusammenbasteln, auf denen der Zielanflugsweg im 10-Sekunden-Takt aufgezeichnet war. Bei rund 850 Stundenkilometern Geschwindigkeit ging dann alles sehr, sehr schnell. ‚Reccetiere‘ mussten in wenigen Sekunden das Ziel erkennen, sich gedanklich möglichst viele Details für den ‚inflight report‘ einprägen und es so fotografieren, dass die Auswerter nachher damit etwas anfangen konnten. Eine echte Herausforderung!

Axel Ostermann, Kapitän zur See a. D.

Ostermann trat 1970 in die Marine ein und wurde nach seiner Offiziersausbildung Luftbild- und Nachrichtenoffizier im Marinefliegergeschwader 2. 1975 begann er seine fliegerische Ausbildung und flog bis 1992 Starfighter und Tornado, unter anderem als Testpilot und als Chef des Flugdemonstrationsteams „Vikings". Ostermann diente als Stellvertretender Kommandeur im Marinefliegergeschwader 1, Militärattaché in Moskau, Referent im Bundesverteidigungsministerium und Dozent an der Führungsakademie der Bundeswehr, bevor er als Verteidigungsattaché für die Vereinigten Arabischen Emirate, Katar und Kuwait zuständig war. Zuletzt befasste er sich im NATO-Stab der französischen Marine in Toulon (Südfrankreich) unter anderem mit Ausbildung, Übungsplanung und Evaluierungen.

Axel Ostermann, Starfighter-Pilot, „Viking"-Teamleader und Buchautor, als Kapitän zur See.

Um ihre Fähigkeiten zu testen, trafen sich die Aufklärungsstaffeln des Nordbereichs der NATO jährlich zu einem Wettbewerb, der bis 1976 ‚Big Click' genannt wurde, später ‚Best Focus' hieß (im Zentralbereich der NATO gab es gleichermaßen den Wettbewerb ‚Royal Flush'). Bei ‚Big Click' traten Aufklärungsstaffeln gegeneinander an, bei ‚Best Focus' wurden dann staffelübergreifende Teams gebildet. Teilnehmende Flugzeuge waren RF-104 Starfighter, RF-4 Phantoms, RF-5 Freedom Fighter, RF-35 Draken und andere, wie die Aufklärungsvariante der britisch-französischen SEPECAT Jaguar. Die teilnehmenden Piloten, streng ausgewählt nach Leistung, erhielten jeweils drei Koordinaten im Übungsgebiet, die sie zu einer festen ‚time over target‘ (TOT) fotografieren mussten. Das Bildzugpersonal musste in einer ebenfalls vorgegebenen Zeit dann die Filmkassetten ausbauen, die Filme entwickeln und zusammen mit dem Piloten auswerten. Meist lagen die Negative zehn Minuten nach Abstellen des Triebwerks auf dem Tisch. Die Ergebnisse der ebenfalls zeitlich befristeten Auswertung wurden dann von ‚umpires‘, also erfahrenen internationalen Schiedsrichtern aus Aufklärungskreisen der NATO, bewertet. Dabei floss der ‚inflight report‘ des Piloten ein, dessen Erkenntnisse am besten mit denjenigen der Bildauswerter übereinstimmen sollten. Ausgezeichnet wurde die beste Staffel (‚Big Click‘) oder das beste Team (‚Best Focus‘) sowie der beste Pilot mit den meisten und genauesten Zielabdeckungen und der beste Bildzug mit den häufigsten ‚Treffern‘ und präzisesten Auswertungen.

Ich selbst bekam den Übergang von ‚Big Click‘ zu ‚Best Focus‘ nur aus der Ferne mit, da ich 1975 meine dreijährige Ausbildung zum Piloten begann: Man hatte mich im Kreise der 1. Staffel in Eggebek sozusagen an der Staffelbar überredet. 1978 kehrte ich ins MFG2 zurück, wieder in die Erste

Staffel, nur diesmal als ‚Reccetiere‘. Inzwischen (seit 1976) besaß der Starfighter auch eine völlig andere, viel modernere Kameraausrüstung: eine Tiefflugkamera (Low Level Camera/LLC), eine Seitensichtkamera (Side Oblique Camera/SOC) und – alternativ zur Tiefflugkamera – eine Infrarotkamera (Infrared IR). Für ein Seitensichtradar (Side Looking Airborne Radar SLAR), wie es die Luftwaffe benutzte, sah die Marine keine Notwendigkeit. Die LLC vom Typ KRB 6/24 besaß fünf nebeneinander quer zur Flugrichtung angeordnete, normal brennweitige Zeiss-Kameras mit Blickrichtung nach unten. Die einander um 20 Prozent überlappenden Kameras deckten zur Querachse des Flugzeugs knapp über 180 Grad ab, also von Horizont zu Horizont, und zur Längsachse fast 50 Grad. In Abhängigkeit zu Geschwindigkeit und Flughöhe wurde die Bildfolge geregelt. Es konnte durch den Piloten auch eine Überlappung von 60 Prozent gewählt werden, um Stereobilder zu erzeugen, also z. B. die Höhe von Schiffsaufbauten sicht- und messbar zu machen. Allerdings war bei dieser Einstellung der Film schnell verbraucht. Aufgrund der hohen Flugzeuggeschwindigkeiten besaß die LLC einen automatischen

Bildbewegungsausgleich. Auch Belichtungszeit und Blendenöffnung wurden automatisch gesteuert. Maximal konnte die LLC sieben Bilder pro Sekunde aufnehmen. Für den Piloten diente der untere Rand seines Kabinendachs als Anhaltspunkt, in dem er das Ziel knapp darüber ‚durchlaufen' ließ. So konnte man den Bildauswertern optimale Ergebnisse liefern.

Die lang brennweitige SOC vom Typ KS-87B befand sich im oberen Kameraraum mit fester Blickrichtung nach links und einem Neigungswinkel von 3,5 Grad. Durch das hohe Auflösungsvermögen ermöglichte sie eine Luftaufklärung aus großer Entfernung. Auch die SOC regelte Bildfolge und Überlappung sowie den automatischen Bildbewegungsausgleich in Abhängigkeit von Flughöhe und -geschwindigkeit. Die Überlappung konnte man ebenfalls auf 60 Prozent erhöhen. Das 18-Zoll-Objektiv besaß eine Belichtungsautomatik, die je nach Wolkenbedeckung reguliert wurde. Die maximale Bildgeschwindigkeit betrug sechs Bilder pro Sekunde. Dem Piloten stand ein Seitensichtgerät, ähnlich einem Fernrohraufsatz, zur Verfügung, mit dem er das Ziel anpeilen konnte.

Die IR vom Typ RS-710 wurde alternativ zur LLC eingesetzt, z. B. nachts. Auch sie blickte senkrecht nach unten. Nach dem Prinzip eines Line Scanners tastete die Kamera das überflogene Gelände zeilenförmig

entlang des Flugweges ab. Die Infrarotstrahlung wurde mit Hilfe von infrarotempfindlichen Detektoren in elektrische Signale umgewandelt. Diese Signale wurden mittels Leuchtdioden in sichtbares Licht umgesetzt, das den Film entsprechend der Wärmeverteilung des überflogenen Geländes belichtete. Der Blickwinkel der Kamera umfasste 120 Grad quer zur und längs der Flugachse. Auf dem Film konnten Heißpunktmarkierungen und Hinweismarken vorgenommen werden. Durch den geringen Blickwinkel der Kamera musste der Pilot das Ziel ziemlich genau überfliegen, für einen echten Einsatz wäre die IR also nur bedingt geeignet gewesen.

Für alle Kameras stand dem Piloten ein einfach zu bedienendes ‚control panel' auf der rechten Cockpitkonsole zur Verfügung. Neben den Bereitschaftsschaltern und den Restfilmmengenanzeigen für alle drei Kameras gab es einen Belichtungskorrekturschalter für die SOC, einen Kontrastwahlschalter für die LLC und einen Kühlsystemschalter sowie einen Heißpunktregelknopf für die IR. Die Überlappung für LLC und SOC wurde ebenfalls auf diesem Panel eingestellt. Eine Ausfallwarnleuchte machte auf Systemfehler aufmerksam, ebenso wie eine Warnleuchte am vorderen Cockpitrand. Das Licht der SOC-Peileinrichtung konnte mit einem darunterliegenden Dimmer angepasst werden. Am Steuerknüppel diente der ‚bomb button‘ für IR-Hinweismarken und der ‚trigger‘ als Kameraauslöser.

Die ‚Reccetiere‘ wurden oft von den echten Jagdfliegern und Jagdbomberpiloten belächelt. Die 1. Staffel des MFG2 war im Gegensatz zu den Luftwaffengeschwadern allerdings auch in ihrer gleichrangigen Zweitrolle gefordert, eben genau jener Jagdbomberrolle. Diese wurde übrigens auch in TacEvals (tactical evaluation) von der NATO bewertet. Die Aufklärungsrolle hatte jedoch immer etwas mehr zu bieten als ein paar Schießergebnisse. Wer einmal Fotos von bislang unbekannten sowjetischen Einheiten oder während einer Übung ein getarntes Schnellboot in einem norwegischen Fjord entdeckt und fotografiert hatte, weiß um die Besonderheit und den Reiz der taktischen Aufklärungsfliegerei. Ich selbst hatte beispielsweise das Glück, als einer der Ersten den sowjetischen Hubschrauberträger Moskwa zu entdecken. Auch das Aufspüren eines sowjetischen Dockschiffs, in dem sich U-Boote für den Iran befanden, war eines der unzähligen Highlights, die sich mir als ‚Reccetiere‘ seinerzeit eröffnet haben, aufgenommen mit der SOC aus großer Höhe in starker Schräglage.

Vorteilhaft an der Recce-Fliegerei war der Umstand, dass man sich seine Ziele dort aussuchen konnte, wo das Wetter gut war. Man kam also fast immer zum Einsatz. Wenn die Kollegen aus der Jagdbomberzunft oft aufgrund schlechten Wetters im Gebiet des Schießplatzes am Boden bleiben mussten, flogen die ‚Reccetiere‘ in die ‚best weather area‘. Eine Antenne, eine Kaserne, ein Depot oder ähnliche Ziele fand man in Dänemark, Niedersachsen, Nordrhein-Westfalen oder Hessen immer, wenn die Nord- und Ostsee ‚dicht‘ waren. Dennoch waren bei Übungen die interessantesten Missions die gemeinsamen: wenn die ‚Reccetiere‘ ihre Ziele über See aufklärten und die Jagdbomber auf der Grundlage der Aufklärungsergebnisse unmittelbar danach attackierten. Dies erforderte einen hohen Koordinierungsaufwand und war eine große Herausforderung, insbesondere für die Schwarm- und Rottenführer.

Es gab noch einen Vorteil der RF-104 gegenüber der F-104: Man hatte, wenn man die Kameras ausbaute, einen großen Vorratsraum im Flugzeug. Darin konnte man auf Überlandflügen oder sogenannten ‚out and backs‘

unglaublich viel transportieren. Wenn also das MFG2 fürs jährliche Geschwaderfest Leberkäse aus Bayern brauchte, flog eine RF-104 nach Erding oder Memmingen und kam mit der Ware, gut im Kameraraum der SOC verstaut, zurück. Natürlich wurden auf dem Wege drei Landziele für die LLC eingeplant, damit man zugleich das taktische Ausbildungsprogramm abdecken konnte. In gleicher Weise wurden auch kleinere Ersatzteile z. B. aus Ingolstadt schnell quer durch Deutschland transportiert.

Dieser kurze Einblick in die Aufklärungsfliegerei mit dem Starfighter hat hoffentlich deutlich gemacht, dass wir Marine-Reccetiere uns privilegiert gefühlt haben. Vor allem brauchten wir nicht, wie es bei der Luftwaffe deutlicher der Fall war, auf die Jagdbomberrolle oder sogar etwas Horrido-Luftkampf zu verzichten; ‚air combat‘ war ebenfalls Teil des Jahresausbildungsprogramms. Das Aufgabenspektrum eines ‚Reccetiere‘ der Marine war fordernd, hat überaus zur Berufszufriedenheit beigetragen und den eigenen Horizont erweitert. Sein Auftrag innerhalb der Marine war sinnvoll und wichtig. Vielleicht trägt dieser Artikel dazu bei, diese Spezies in guter Erinnerung zu behalten – gerade weil sie aus militärpolitischen Gründen inzwischen leider ausgestorben ist.“

Ein potenzieller Gegner: die MiG-21

Viele Gespräche drehten sich damals darum, wie man dem Starfighter Paroli bieten sollte. Begeisterung löste die Einführung des Abfangjagdflugzeugs MiG-21aus.[57]

Karl-Heinz Maxwitat

MiG-21 F in Bischkek/Kirgisistan. Die Aufschrift bedeutet „Nationalgarde"

---

[57]	Karl-Heinz Maxwitat, ehemaliger Fluglehrer der DDR-Luftwaffe, in seinen Erinnerungen *Erlebnis MiG-21*

MiG-21 (NATO-Codename: Fishbed)

Rolle: Jagdflugzeug, Ursprungsland: UdSSR

Hersteller: Mikojan-Gurewitsch OKB

Erstflug: 14. Februar 1955 (Je-2), Indienststellung: März 1959 (MiG-21F)

Serienproduktion: 1959 (MiG-21F)–1985 (MiG-21bis)

Gebaute Stückzahlen: mehr als 11.000, noch im Einsatz: ca. 500 MiG-21 und über 1000 chinesische Nachbauten (J-7/ F-7)[58]

Die „fliegende Kalaschnikow"

Das Sturmgewehr Kalaschnikow AK-47, robust und unverwüstlich, ist die meistproduzierte Handfeuerwaffe überhaupt; ähnliche Qualitäten bescheinigt man auch der MiG-21. Die schier endlose Liste der Nutzer liest sich wie ein „Who is Who" der Warschauer-Pakt-Bündnisländer und aller Partner, denen die Sowjetunion je Waffenhilfe und technologische Unterstützung zukommen ließ: Afghanistan, Albanien, Algerien, Angola, Ägypten, Äthiopien, Bangladesch, Bulgarien, Weißrussland, Burkina Faso, Chad, China (Version Chengdu J-7), Kongo, Tschechoslowakei, DDR, Eritrea, Finnland, Guinea, Guinea-Bissau, Ungarn, Indien, Indonesien, Iran, Irak, Jemen, Jugoslawien*, Kambodscha, Kuba, Laos, Libyen, Madagaskar, Mali, Mongolei, Mosambik, Namibia, Nigeria, Nordkorea, Polen, Rumänien, Sambia, Sowjetunion*, Somalia, Sudan, Syrien, Tansania, Nord- und Südjemen, Uganda, Vietnam und Simbabwe.

MiG-Produktionsstätten befanden sich in Gorki, Moskau und Tiflis, in der Tschechoslowakei, in Indien und China.

● und Nachfolgestaaten

---

[58] Quellen: Luftfahrttechnischer Museumsverein Rothenburg e.V./ BmVg, Presse- und Informationsstab; Archiv. Alle technischen Angaben ohne Gewähr; offizielle Hersteller- und Betreiberangaben können geringfügig voneinander abweichen.

Karriere eines robusten Vogels

Auch wenn die Luft über unserer „Badewanne" Ostsee manchmal wie leergefegt schien, wusste ich: Die anderen flogen auch. Eines der meist verbreiteten Flugzeuge des Ostblocks war die MiG-21, und mit diesem Jet musste man rechnen. Ich malte mir manchmal aus, von so einem schnittigen Flieger ausmanövriert zu werden – durch einen ausgeschlafenen Piloten, der nichts Anderes trainiert hatte als Luftkampf. Was konnte die MiG? Wie schnitt das Flugzeug im Vergleich zur F-104 ab? Und hatte der Starfighter überhaupt Chancen beim Angriff einer MiG-Formation?

Beide Flugzeuge waren in den frühen 1950er-Jahren entstanden, als der Wandel von den herkömmlichen Unterschallflugzeugen zu Mach-2-Kampfjets begann. Beide Flugzeuge setzten technische Maßstäbe und zwangen die jeweilige Gegenseite durch ihre bloße Existenz zur Überarbeitung von Strategie und Taktik.

Die MiG-21 besaß (nach kurzer Vorgeschichte als Pfeilflügler) im Gegensatz zum filigranen Starfighter mächtige Deltaflächen, ein klassisches Seitenleitwerk und einen charakteristischen Lufteinlass mit furchterregender kegelförmiger Spitze an der Nase. Das Flugzeug stieg gut und flog ebenso schnell wie die F-104G, kurvte aber deutlich besser. Schnell wurde klar: Die schwachen Kurvenflugeigenschaften würden immer eine Achillesferse der F-104 bleiben.

Die beiden Jets wurden vier (F-104) beziehungsweise fünf Jahre (MiG-21) nach ihren Erstflügen an die Einsatzverbände ausgeliefert.

Die Starfighter-Beschaffung war nicht nur in Deutschland von politischen Skandalen begleitet. Trotz aller Anfangsschwierigkeiten setzten zahlreiche Staaten die F-104 als Jagdflugzeug und Jagdbomber, Fotoaufklärer oder Marineflugzeug ein. Auf einigen deutschen Fliegerhorsten mit Zusatzausrüstung für mögliche Nukleareinsätze versehen, wurde er dort wie eine heilige Kuh bewacht.

Die konventioneller konstruierte MiG-21 konnte auch auf unbefestigten Plätzen landen und starten. Ihre robuste Bauweise und die tadellosen Flugeigenschaften trugen zur hohen Verbreitung und anhaltenden Beliebtheit bei, stellte sie doch umschulende Piloten und Techniker nicht vor übergroße Herausforderungen. Man sollte das Flugzeug aber keinesfalls auf Mittelmaßqualitäten reduzieren; die Flugleistungen der jüngeren MiG-21-Versionen ähneln denen der General Dynamics F-16.

Aerodynamisch gilt die MiG-21 bis heute als besonders ausgewogener Typ. Es überrascht nicht, dass ein halbes Jahrhundert nach ihrer Einführung noch schätzungsweise gut 1500 der Russenjets weltweit flogen, davon über 1000 chinesische Nachbauten vom Typ J-7/F-7. Die MiG-21 ist das meistproduzierte Kampfflugzeug seit dem Koreakrieg und das meistgebaute Überschallflugzeug mit der weltweit längsten Produktionszeit.

Die MiG-21 ist schon durch die lange Nutzungsdauer deutlich variantenreicher als der Starfighter. Zwischen dem ersten Serienmodell MiG-21F-13 und dem Ur-Ur-Enkel MiG-21bis liegen große technologische Fortschritte; am Deltaflügel-Grundkonzept wurde nicht gerüttelt. Die Geschichte des Flugzeugs umfasst vier Generationen.

Die MiG-21 hatte anfangs noch kein Funkmessvisier. Der Pilot, vom Bodenradar ans Ziel geleitet, griff nach Sicht an. Das Flugzeug besaß zunächst zwei 30-Millimeter-Maschinenkanonen Typ NR30 von Nudelman & Richter, dann eine, später vorübergehend gar keine; Raketen sollten genügen. Schließlich, die MiG-21 war längst ein Allwetterjäger mit gelenkten Raketen, kam eine 23-Millimeter-Doppelrohrwaffe. Sie saß, wie beim deutsch-französischen Alpha Jet, in einem externen Behälter unter dem Rumpf, später endgültig in der Zelle.

Ein großer Fortschritt war die Ausstattung mit dem *SPS*-System, bei dem die Landeklappen mit Zapfluft aus dem Triebwerk umströmt wurden – eine Technik, die langsamere Anflüge und kleinere Rollstrecken ermöglichte und auch beim Starfighter als BLC *(boundary layer control)* Anwendung fand.

Unterschiedliche Ansätze

Der Starfighter war als Höhenjäger konzipiert; die geringe Flügelfläche brachte schlechte Kurvenflugeigenschaften und erforderte eine hohe sichere Mindestgeschwindigkeit mit sich. Konnte ein ausgeschlafener Gegner den Starfighter unterhalb seines Leistungsbereichs in enge Kreise zwingen und „auskurbeln", hatte dessen Pilot nur einen Ausweg: Er musste frühzeitig den Nachbrenner zünden, den Knüppel beherzt nach vorn drücken und unter bester Ausnutzung der Schwerkraft im Tiefstflug aus der Kampfzone verschwinden. Flucht als defensives Mittel des letzten Augenblicks – diese Option war auch Lehrmeinung bei den Marinefliegern.

In der Offensive stand der Starfighter besser da. Von oben aus der Sonne auf einen Verband feindlicher Flugzeuge herabstoßend, war der schlanke Jet durch die geringe Stirnfläche fast unsichtbar. Dazu besaß er ein weitreichendes Radargerät und beste Sicht aus dem Cockpit. Mit seiner Bewaffnung und Avionik lag der Starfighter technologisch weit vorn. Auch die MiG-21 war eigentlich für die Abfangjagd konzipiert und blieb dieser Aufgabe im Gegensatz zur F-104 auch treu; nur in der Nebenrolle „Bodenangriff" trug sie Bomben und Raketen. Abgesehen von ihrem beachtlichen Temperament in der Vertikalen war die MiG deutlich manövrierfähiger als der Starfighter; kein Wunder bei einem Flügel, der mit einer rund fünf Quadratmeter größeren Fläche bei vergleichbaren Luftkampfflugbedingungen stets mehr Auftrieb produzierte. MiG-21-Piloten konnten ihr Flugzeug in sehr enge Kurven ziehen. Das zählte besonders an heißen Tagen mit „dünnerer Luft", wo die wendige MiG viel mehr g-Beschleunigung ermöglichte.[59] Dafür hatten MiG-Piloten nur eine begrenzte Frontsicht aus dem Cockpit. Auch das mit 20 Kilometern Reichweite sehr dürftige Radar – in den ersten MiG-21-Versionen war noch gar

---

[59]   Deltaflügler sind wie alle Bauformen ein Kompromiss. Flugzeuge mit geringer Flügelpfeilung eignen sich noch besser für den Kurvenflug. Einen breiteren Einsatzbereich bieten Schwenkflügler wie Tornado, F-111 oder MiG-23.

keines eingebaut – kratzte etwas am Bild des häufig so genannten Sorglos-Fighters.

Technische Daten MiG-21SPS (bei den Luftstreitkräften der DDR)

(NATO-Code: Fishbed D)

Länge: 13,46 m ohne Staurohr/14,13 m mit Staurohr

Spannweite: 7,15 m

Höhe: 4,13 m

Flügelfläche: 22,95 m2

Leermasse: 5411 kg

Max. Startmasse: 9080 kg

Höchstgeschwindigkeit: in 12.500 m Höhe 2175 km/h (Mach 2,05)

Dienstgipfelhöhe: 19.500 m

Besatzung: 1 Pilot

Triebwerk: Tumanski R-11F2S-300 bzw. R-11-F2SK-300

Schub: 38,3 kN ohne/60,6 kN mit Nachbrenner

Bewaffnung: infrarotgelenkte Raketen R3S, leitstrahlgelenkte Raketen RS-2US oder ungelenkte Raketen S5 in Abschussblöcken UB-16, alternativ bis zu 1000 kg Bomben; nur MiG-21SPSK: Gondel GP-9 mit Kanone GSch-23

Start und Landung: auch auf unbefestigten Bahnen, mit Bremsschirm und SPS-Grenzschicht-Beeinflussung

Landerollstrecke: 420–550 m

Kampfeinsätze von F-104 und MiG-21

Starfighter wurden kaum in Kampfhandlungen verwickelt, abgesehen von Einsätzen der U.S. Air Force (F-104C) im Vietnamkrieg oder denen Pakistans gegen Indien (1965 und 1971). Taiwan zog mit einigen F-104G im Streit um die Insel Kinmen gegen die übermächtige rotchinesische Luftwaffe zu Felde. Meist diente die F-104 der Abschreckung im Kalten Krieg, vor allem als Nuklearwaffenträger.

Der „Volksjäger" MiG-21 kämpfte dagegen auf vielen Schauplätzen. Im Vietnamkrieg erzielte er gegen US-Phantom F-4 ein Abschussverhältnis von rund 3: 1. Ägypten, Syrien und Irak setzten MiG-21 in den 1960er- und 1970er-Jahren gegen Israel ein. Das Flugzeug tauchte in Kampfhandlungen im Südlibanon, im Iran-Irak-Krieg und in Angola auf.

Der wohl einzige gut dokumentierte Luftkampf F-104 gegen MiG-21 spielte sich vor Indiens Küste ab. Es war der 12. Dezember 1971, kurz nach 14 Uhr, und Indien und Pakistan befanden sich seit neun Tagen im Krieg. Von der indischen Küstenbasis Jamnagar starteten zwei MiG21FL der Alarmrotte, um zwei von See nahende Angreifer abzufangen. Kaum war die Rotte in der Luft, fegten zwei pakistanische F-104A über den Platz und beschossen mit ihren 20-Millimeter-Kanonen Köderflugzeuge am Rande der Startbahn. Einer der Starfighter-Piloten schien die indischen MiG-21 entdeckt zu haben, denn er machte sich in Richtung Norden davon. Der andere blieb auf Angriffskurs; das nutzte eine der MiG-21 und stieß von hinten auf ihn herab. Die Flugzeuge überquerten die Küste und flogen im Tiefstflug über See. Die MiG-21 feuerte eine K-13-Infrarotrakete auf die F-104 ab; ihr Gegner machte Ausweichmanöver und verschoss Leuchtkörper, die den Raketensuchkopf ablenkten. Durch abrupte Steuerbewegungen gelang es dem Starfighter-Piloten, auch einen Kanonenangriff der MiG abzuwehren. Dann aber erwischten ihn aus etwa 300 Meter Distanz drei kurze Feuerstöße der 23-Millimeter-Doppelrohrwaffe. Die F-104 ging in den Steigflug, Flammen schlugen aus dem Rumpf und der Inder beobachtete, wie sein Gegner mit dem Schleudersitz ausstieg. Noch über dem haiverseuchten Meer wurde sofort eine

Such- und Rettungsaktion eingeleitet, doch der Pilot und sein Starfighter blieben verschwunden.

Raketenangriffe und Kanonensalven musste der F-104-Pilot erwartet haben; die Bewaffnung der MiG war keineswegs überlegen, und auch die Achillesferse des Starfighters, seine schlechtere Manövrierfähigkeit, spielte im konkreten Fall offenbar keine Rolle. Wahrscheinlich leitete der MiG-21-Pilot[51] seinen Kanonenangriff einfach im rechten Moment ein, manövrierte den Jet an den richtigen Punkt und schoss, als Vorhaltewinkel, Fahrt, g-Beschleunigung und Zielposition stimmten. Hundertmal geht so etwas daneben, hier nicht.

Die MiG-21 in der DDR

Die Luftstreitkräfte der DDR nutzten über die Jahre rund 550 MiG-21 in sechs Versionen und 11 (Sub-)Varianten – vom Grundmodell MiG-21F-13 (NATO-Codename *Fishbed C*, 1962 und 1984) bis zur neuesten Version MiG-21bis (abgewickelt nach der Wende 1990). Jahrzehntelang war die MiG-21 das Standardjagdflugzeug der ostdeutschen Luftwaffe; alle DDR-Jagdfliegergeschwader und das Ausbildungsgeschwader JAG-15 (später FAG-15) wurden irgendwann damit ausgerüstet. Die zahlenmäßig am stärksten genutzte Variante war die MiG-21SPS/SPS-K, (NATO-Name *Fishbed D*), ein Typ der 2. Generation.

Dienstflagge der DDR-Streitkräfte

Eindrücke eines deutschen MiG-21-Piloten

Karl-Heinz „Max" Maxwitat, Oberstleutnant a. D. der DDR-Luftstreitkräfte

Maxwitat, Jahrgang 1937, begann 1953 seine Ausbildung zum Segelflieger. Er besuchte die Fliegerschule der NVA und arbeitete bis 1980 als Fluglehrer, unter anderem auf dem Jagdflieger MiG-21. Heute ist er ziviler Fluglehrer auf dem kleinen Landeplatz Bienenfarm bei Berlin. In über 10.000 Stunden hat er mit dem Flugzeug die Welt gesehen.

„*Im langen Steigflug wird zunächst ein äußerster Zipfel der DDR angeflogen*", beschreibt der ehemalige Luftwaffenfluglehrer der DDR den Beginn eines Überschallfluges auf der MiG-21. „*Trotzdem halten*

wir einen nicht zu geringen Abstand zur Staatsgrenze ein... die äußerste Ecke unseres Ländchens wird gebraucht, um eine lange Anlaufstrecke für die vorgesehene doppelte Schallgeschwindigkeit zu haben.

Ruhig und gleichmäßig erfolgt der Steigflug auf 11.000 Meter Flughöhe, das ist die Mindesthöhe für Überschallflüge über der DDR; über großen Städten sind es 15.000 Meter. Dann kommt von der Leitstelle der Befehl zum Einschalten des Nachbrenners. Jetzt der erwartete Ruck... gleich darauf nähert sich der Zeiger des Machmeters der magischen ‚1‘ und verharrt dort kurz. Langsam wandert er weiter, und die MiG erweckt jetzt den Eindruck, als hätte man beim Trabbi zu früh in den 4. Gang geschaltet. Ab Mach 1,2 geht es dann schon schneller. Nun heißt es auch, in die Kurve zu gehen, denn unser Ländchen ist gleich zu Ende.“

„Max“ berichtet von einem Abfangeinsatz:

„Seit einigen Minuten sitze ich in der Startbereitschaft; ich soll ein Luftziel, dargestellt durch eine andere MiG-21 unserer Staffel, die in 18.000 Metern Höhe und mit einer Geschwindigkeit von 1,6 Mach (ca. 1700 Stundenkilometern) fliegt, abfangen. Das Zielflugzeug ist schon vor mir gestartet. Die Zielparameter entsprechen den damals höchstmöglichen für bombentragende Flugzeuge der NATO.

Schon kurz nach dem Abheben fliege ich in die Wolken ein. Da das Steigen ohne Nachbrenner erfolgt, dauert es doch recht lange, bis ich 10.000 Meter Höhe erreiche. Ganz in der Ferne sehe ich einen Kondensstreifen, der sich in einer weiten Kurve bewegt. Das ist sicher das Zielflugzeug... Doch der Kondensstreifen geht höher, wird dünner und schmaler und verschwindet dann ganz und gar.

‚856 Nachbrenner‘, tönt es aus dem Funk.

‚Arbeitet.‘

‚Aufholen eins drei, Kurs zwo drei null!... aufholen eins fünf, ausleiten auf Kurs 350 Grad!‘

‚856 weiter auf Kurs 40, Schräglage 45 Grad!‘ In der Stimme des Jägerleitoffiziers bemerke ich Erregung.

‚856 hochziehen, ausleiten 17.500 Meter, das Ziel links Entfernung sechs.‘

Ich bin noch einige tausend Meter tiefer als das Ziel.

,856, das Ziel 30 Grad, links Entfernung vier.' Meine Anspannung erreicht den Höhepunkt.

,Sehen Sie das Ziel?' Etwas verhalten, mit Hoffnung in der Stimme, kommt die Frage vom Gefechtsstand. *,Ziel erkannt'*, melde ich forsch. Schon bald befinde ich mich auf gleicher Höhe mit dem Ziel und genau hinter ihm. Der Zeiger des Funkentfernungsmessers beginnt hin und her zu springen, eine grüne Lampe am Visier signalisiert Schussentfernung. Mein Blick geht zum Regler des Tonsignals für die Raketen und zum Kraftstoffmesser. *,Ausreichend'*, stelle ich fest. Doch wo ist auf einmal das Ziel?

Ein ordentlicher Schreck durchfährt mich. Durch die gute Erkennbarkeit habe ich mich täuschen lassen; von hinten bietet die MiG wenig Fläche. Mit einem Kloß im Hals melde ich dem Gefechtsstand: *,Ziel verloren.'*

Als hätte man darauf gewartet, kommt sofort der Hinweis: *,856, das Ziel vorn links rechts Entfernung drei.'*

,Vorn links rechts' bedeutet, dass man auf dem Radarschirm schon nicht mehr ausmachen kann, wie die Position zum Ziel ist. Nur noch Sekunden, und aus Sicherheitsgründen wird der Gefechtsstand das Abfangen abbrechen.

Da – jetzt sehe ich das Ziel wieder, schon viel näher als angenommen und doch so klein. Ich halte es im Auge und lege den Leuchtpunkt des Visiers auf das Schubrohr der gegnerischen MiG-21, damit die Suchköpfe der Raketen die Infrarotstrahlung aufnehmen können. Dann muss ich noch das Registrierband einschalten. Jetzt macht sich das Schlauchstück auf dem Schalter für den Registrierstreifen bezahlt: Der Schalter liegt rechts hinten in der Kabine, einer von vielen. So kann ich ohne hinzusehen das Band einschalten.

Das Tonsignal des Infrarotsuchkopfs wird stärker. Ein eigenartiger, knarrender Ton zwischen den vielen anderen Geräuschen, die der Suchkopf auffasst – die Infrarotstrahlen des Zieltriebwerks. Zur stabilen Erfassung muss ich jetzt unbedingt noch einige Sekunden warten, bevor ich den Kampfknopf am Steuerknüppel drücken darf. Das Tonsignal verstummt; schlagartig fällt alle Anspannung von mir ab. Mit erleichterter Stimme kann ich den *,Abschuss'* melden.“

Fliegeralltag in der DDR

Auf DDR-Seite wurden Flüge lange vorher minutiös vorbereitet und durchgeführt – ein großer Unterschied zu NATO-Missions, die „adhoc" stattfinden konnten und deren kurze Vorbereitungszeit zu sehr komplexer Planung in den Einzelteams führte. Völlig anders waren auch die Entscheidungskompetenzen. Bundeswehrpiloten erhielten im Übungsflugbetrieb wenige Stunden vor ihrem Flug allgemein gefasste Einsatzaufträge, zum Beispiel „Aufklärung Ostsee" oder „Luft-Boden-Schießen". Das jeweilige Team konnte dann nach Sichtung der Wetterlage die genauere Planung des Flugs im Rahmen des taktischen Übungsprogramms eigenverantwortlich vornehmen. DDR-Piloten erfuhren schon Tage im Voraus, was geschehen sollte. Sie mussten diese Ziele möglichst 1: 1 umsetzen.

„Max" Maxwitat schildert seinen Fliegeralltag in der DDR:

„Das Fliegerleben wechselte zwischen Flugvorbereitung, Flugdiensten und dem übrigen Alltag als Offizier. Das Verhältnis zwischen dem Dienst am Boden und der Zeit, die man in der Luft verbrachte, war ungefähr 25:1.

Der Tag begann, wie es sich gehörte, mit einem ordentlichen Frühstück. Für uns Militärflieger war festgelegt, dass wir unsere Mahlzeiten in der Fliegerküche auf dem Flugplatz einzunehmen hatten. Gute 45 Minuten vor Dienstbeginn saß man am Frühstückstisch. Die Verpflegungsnorm für Flieger war reichlich angesetzt; viele von uns bekamen Gewichtsprobleme. Zwei Tassen Kaffee standen uns am Morgen zu. Jahrzehntelange Tradition war darüber hinaus das Frühstücksei.

Nach dem Frühstück begann die Flugvorbereitung. Sie umfasste einen ganzen Komplex von Maßnahmen, die in unseren Vorschriften genauestens festgelegt waren. Ausgangspunkt war der Grundsatz, dass Erfolge in der Luft am Boden vorbereitet werden mussten; den hatte man aus der sowjetischen Fliegerei übernommen. So wurde zunächst durch den Kommandeur die Flugplanung für den folgenden oder auch für mehrere Flugtage bekannt gegeben. Die Bearbeitung einer solchen Flugplanung war eine Wissenschaft für sich – auch moderne Computer hatten da noch nicht viel Abhilfe gebracht. Da waren unter anderem der zur Verfügung stehende Luftraum, das zu erwartende Wetter, die Anzahl der Flugzeuge und

Flugzeugführer zu beachten, nicht zuletzt natürlich die zu fliegenden Aufgaben.

Nachdem man also wusste, welche Flüge am nächsten Tag auf dem Programm standen, galt es, sich im Studium deren Inhalt und Ablauf zu vergegenwärtigen und sich auch mit theoretischen Fragen zu beschäftigen; man trainierte auch in der Flugkabine. Am Ende stand das ‚Flugspiel' und der Fliegertrainingssport. Es gab kein Wetter, bei dem wir nicht Fußball oder Volleyball spielten – in der größten Hitze, bei minus 20 Grad Celsius, bei Glatteis und im tiefsten Matsch.

Nach den Flugvorbereitungen folgten in der Regel ein bis zwei Flugtage. Staffelweise flogen wir in einer Früh-, Spät- oder Nachtschicht. Es gab komplizierte Festlegungen der Flughöhe und Abhängigkeiten von Mondphasen. Einige Flüge, vor allem Abfangübungen ohne Radar, durften nur in sogenannten hellen Nächten durchgeführt werden.

Die Flugschicht begann mit der obligatorischen Untersuchung und Befragung durch den Arzt oder Feldscher. Gemessen wurden Temperatur, Blutdruck und Puls. Vor den Flügen hatte noch der Meteorologe das Wort, und in einem gesonderten Raum mit vielen Anschauungstafeln zum Luftraum traf der Flugleiter seine Anweisungen."

Der kalte Krieg über der Ostsee glich einem gigantischen Schattenboxen mit verteilten Rollen. Die „Juniorpartner" im jeweiligen Bündnis, beispielsweise die DDR oder Polen im Warschauer Pakt, konnten nicht davon ausgehen, „von oben" volle Informationen präsentiert zu bekommen. Eine auf die Sowjetmacht ausgerichtete militärische Struktur, die komplizierten Unterstellungsverhältnisse und vermutlich auch Kommunikationsprobleme dürften im Alltag für Sand im „Ost-Getriebe" gesorgt haben.

Es wäre naiv, den Westen in diesem Punkt hoch zu loben, auch wenn gemeinsames Training, standardisierte Verfahren und einheitliche Waffen unter den NATO-Partnern sicher vieles erleichterten. Die Bundesrepublik war als „nuklearer Teilhaber" lange vor der deutschen Wiedervereinigung noch weit von echter Souveränität entfernt, und die große Lage wurde ganz bestimmt nicht in Bonn gemacht.

Wir Starfighter-Piloten begnügten uns mit dem, was wir vorfanden: „geordnete" Ost-West-Verhältnisse vor unserer Haustür, mit schraffierten Sperrgebieten und Warnaufdrucken über DDR-Gebiet auf unseren Karten. Für den „Normalbürger" existierte der Osten nur im Fernsehen; wir sahen immerhin seine Schiffe und Flugzeuge „live" über der Ostsee.

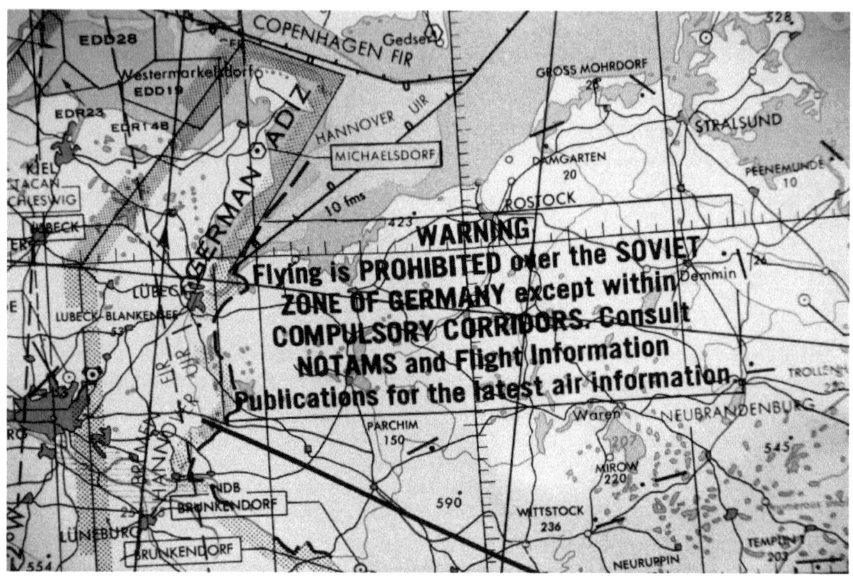

NATO-Fliegerkarte der DDR-Küste mit Warn-Aufdruck: Vorsicht, sowjetische Zone!

Starfighter und Flugsicherheit

Es gibt im Leben eines Piloten nichts Schlimmeres als eine Trauerfeier für einen tödlich verunglückten Weggefährten. Das Lied vom Kameraden und die Dreierformation F-104, die mit einer Lücke für ein viertes Flugzeug auf den Hangar mit den Trauergästen zurast – die Lost-Wingman-Procedure – vergisst man Zeit seines Lebens nicht.

Jan Wiedemann

Die F-104, von uns Piloten heiß verehrt, galt in den ersten Einsatzjahren bei der Bundeswehr als Witwenmacher. Heute wird oft die Begründung genannt, der Starfighter sei von der Konzeption her ein gutes Flugzeug gewesen, dann aber vom Höhenjäger zu einem völlig überladenen Jagdbomber umgebaut worden. Die ersten deutschen Starfighter-Piloten seien mit dem „Wundervogel" überfordert gewesen, schließlich hätten die Techniker mit der Wartung und Instandhaltung große Probleme gehabt. Vermutlich war an allem etwas dran. Doch wie konnten wir ein Flugzeug fliegen, das im tiefsten Frieden solche Menschenverluste gebracht hatte?

Absturz im Kattegat

Mein Geschwader hatte länger keinen Flugunfall gehabt. Im Jahre 1982 waren wir Schleswiger Starfighter-Piloten im Zuge der Umrüstung des Verbandes auf das neue Flugzeug Tornado zum Nachbargeschwader MFG2 in Eggebek gegangen, wo wir eine 3. Staffel bildeten.

Der Morgen des 7. Mai war noch kalt, als wir kurz vor 6 Uhr zum Dienstbeginn im Gebäude der 2. Staffel eintrafen. Ich war für die erste Runde als *Echo-Lead* einer 8-Ship ins Kattegat eingeteilt. „Echo" bedeutete Escort, und mein direkter Begleiter, Echo 2, und ich sollten als Nummer 5 und 6 der Flight den hinteren Bereich der vorausfliegenden Viererformation bewachen. Die einzelnen Flugzeuge der Formation flogen in weitem Abstand neben- und voreinander her, um einem möglichen Gegner kein geschlossenes Ziel zu bieten und andererseits einen guten Überblick über die Luftlage zu bekommen.

Zur 8-Ship gehörten auch *Fox1* und *Fox2*, zwei Starfighter, die als „Angreifer" die Flight ordentlich *bouncen*, sprich: durcheinanderwirbeln sollten - Ausgang: offen. Wie üblich wurde nicht verraten, wo die beiden auf ihre „Beute" warteten, während die restliche Formation einen festgelegten Tiefflugplan abflog.

Briefing und Flugvorbereitung verliefen ohne weitere Besonderheiten, denn das Wetter im Übungsgebiet Kattegat war als gut vorhergesagt und alle Beteiligten hatten ausreichend Erfahrung – bis auf einen Reservisten, den einer der beiden „Angreifer" uns vorstellte. Es war ein Zeitungsmensch, der einen der begehrten Starfighter-Mitflüge ergattert hatte und sich nun mit uns auf den Trip Richtung Dänemark freute. Zuvor gingen wir aber noch Frühstücken und genossen Spiegeleier und frische Brötchen.

Nach dem Start flog die Formation wie geplant zunächst zum Leuchtturm Falshöft, dem üblichen Ausgangspunkt vieler Standardtiefflugpläne, und dann zunächst in 2000 Fuß über die dänische Inselwelt, bevor wir uns mit 450 Knoten Geschwindigkeit über Grund zum Tiefflug auf 200 Fuß abseilten. Es dauerte nicht lange, und wir wurden *gebounced* – einer unserer Piloten hatte einen der Angreifer gesehen und ihn den anderen gemeldet. Sofort erhöhten alle Flugzeuge das Tempo, und der „Gegner" brach seine Attacke ergebnislos ab.

Nach etwa 30 Minuten Gesamtflugzeit flog die Formation gerade nördlich in Richtung Insel Laesø, als wieder der Ruf *„two bogeys six o'clock"* die Funkstille zerriss. Diesmal steckten die Angreifer offenbar genau hinter uns, und wir beiden Escorts waren als Verteidiger gefordert. Der Einstieg ins Manöver lief wie immer: Schubhebel voll nach vorn, ein kurzer Blick auf den Radiohöhenmesser, dann gleich wieder rüber zum Partner und möglichst weit nach hinten, wo die „Foxes" sein mussten. Es war in der kleinen F-104 durchaus möglich, fast die eigene Hecknummer abzulesen, so gut war die Rundumsicht.

Ich suchte den Horizont hinter mir ab – irgendwo mussten die Burschen doch stecken. Da – plötzlich ein Notsendersignal im Kopfhörer, auf der stets eingeschalteten militärischen Notfrequenz 243,0 Megahertz. Die Notsender saßen in unseren Schwimmwesten und wurden öfters versehentlich aktiviert, wenn jemand vergessen hatte, beim Aussteigen am Boden die Sicherheitsleine zwischen Sitz (in dem sich das Notpaket mit dem Einmann-Schlauchboot befand) und seinem Gurtzeug zu lösen. Gelegentlich gingen die Sender auch von selbst los, doch das war sehr selten.

Mein Hirn versuchte, jeden finsteren Gedanken zu verdrängen, doch was ich gleich darauf erblickte, lässt noch heute mein Blut in den Adern gefrieren. In einiger Entfernung schräg links hinter mir erhob sich eine gewaltige Wassersäule, die langsam in sich zusammenfiel. Der Sender hörte nicht auf zu tönen, und ich wusste: Hier war gerade ein Flugzeug ins Wasser gecrasht, ein Mensch gestorben. Ich blickte der Fontäne nach und meldete meine Beobachtung der Flight, die nun schleunigst das Gas herausnahm und sich zu sammeln begann.

Unser Leader alarmierte die dänischen Rettungskräfte und schickte uns, verteilt auf mehrere Formationen, zurück nach Eggebek. Bis zum Eintreffen der Rettungshubschrauber musste noch jemand vor Ort nach dem Opfer suchen; vielleicht hatte sich der Pilot noch raus schießen können. Die Ein-Mann-Schlauchboote waren leuchtend orange und normalerweise gut zu sehen, doch unsere Hoffnungen wurden nicht erfüllt. Noch während wir an der Unfallstelle kreisten, dachte ich: *Die See ist bei dieser Eintauchgeschwindigkeit von über 500 Knoten hart wie Beton, niemand kann doch eine Wasserung mit der F-104 überleben.* Das Unglücksflugzeug war offenbar auf einem flachen, sehr tiefen Angriff direkt ins Wasser geraten. Wie wir bald feststellen mussten, handelte es sich um den Doppelsitzer mit unserem Korvettenkapitän W. und dem Zeitungsredakteur P.

Der Sprit ging zur Neige; wie benommen flog ich mit meinen Kameraden nach Hause. Es war das erste Mal, dass ich einen Crash so hautnah miterlebt hatte. Als ich nach den Befragungen in der Staffel nachmittags nach Hause fuhr, sah ich das verlassene Auto unseres Kameraden auf dem Parkplatz vor der Staffel. Ich musste an die Angehörigen denken – und auch an diejenigen, die die tragische Nachricht überbringen mussten. Wer dankte wohl den hartgesottenen Marinetauchern, die nach und nach alle Wrackteile und menschlichen Überreste aus dem Wasser ziehen würden? Erst am Morgen hatte ich den beiden Verunglückten am Frühstückstisch gegenüber gesessen. Sie hatten sich auf den Flug gefreut – wie gut hatte dieser Tag begonnen.

Am nächsten Tag musste ich noch zur Abschlussbefragung ins Büro des Flugsicherheitsoffiziers. Dort lagen die nassen Trümmer eines Schleudersitzes. Es war ein Unfall, der so auch mit einem anderen Flugzeug hätte passieren können. Wir hatten Radiohöhenmesser, die bei Erreichen einer eingestellten Höhe einen Warnton von sich gaben. Das Flugzeug war, so ergab es die Untersuchung, zum Zeitpunkt des Unfalls technisch intakt. Der Pilot war ein sehr erfahrener, besonnener Mann. Wir flogen bei gutem Wetter Manöver, die jeder schon einmal gemacht hatte. Es gab scheinbar nichts zu „lernen" außer dem banalen Vorsatz, bei der nächsten Abfangübung als Angreifer noch genauer auf die eigene Flughöhe zu achten. Nach dem Unfall tat ich dies ganz bewusst. Wir gingen dann relativ zügig auf unser neues „Tornado"-Flugzeugmuster und hatten den Kopf mit der ungewohnten Zwei-Mann-Fliegerei und vielen technischen Neuerungen voll.

Beim ersten Tornado-Absturz der Bundeswehr hatte ich die zweifelhafte Ehre, abermals Augenzeuge zu sein. Wieder flogen wir in Formation ins Kattegat, diesmal zu dritt. Zwischen Wolkenschichten verloren wir unseren Angreifer vorübergehend außer Sicht, als er gerade von hinten aus einer hohen Kurve in unsere Richtung einrollte.

Ein Notsender heulte auf, und ich befürchtete wieder das Schlimmste. Wir beiden Verbliebenen suchten das Meer nach Überlebenden ab. Was ich nicht zu hoffen gewagt hatte, geschah: Diesmal sah ich zwei winzige rote Rettungsinseln. Die Crew hatte Glück gehabt und sich aus einer offenbar unkontrollierbaren Fluglage rechtzeitig mit den Schleudersitzen retten können.

Wir waren noch nicht lange wieder am Heimatplatz, hatten unserem Kommodore Meldung gemacht und geholfen, die ersten Anfragen der Medien zu beantworten, als der Hubschrauber neben der Staffel landete. Drinnen lagen auf Pritschen zwei bleiche, tapfer grinsende Tornado-Besatzungsmitglieder. Kein Anblick konnte schöner sein als ihre hochgereckten Daumen.

Hinter der Eingangstür zur Staffel im Marinefliegergeschwader hing eine große Tafel mit den Fotos unserer Staffelpiloten; zahlreiche davon waren mit kleinen Kreuzen versehen. Ältere Staffelpiloten wussten, wie ihre Kameraden umgekommen waren, warum und wieso sie es nicht geschafft hatten. Sie berichteten von guten Freunden, die nicht mehr da waren. Von Piloten, die Frauen verunglückter Piloten geheiratet hatten. Von Witwen, die mit kleinen Kindern eine harte Zeit durchlebten.

Gleich an meinem zweiten Arbeitstag im Marinefliegergeschwader hatte man uns einen Amateurfilm über einen gerade geschehenen Absturz gezeigt. Der Pilot, Korvettenkapitän S., war wenige Wochen vor seiner Pensionierung (damals mit 40 Jahren) auf einem Flugtag in England gecrasht, als seinem Flugzeug in einer engen Anflugkurve die Strömung am T-Leitwerk abriss. Dieses Phänomen war bekannt und galt als Achillesferse der F-104; mit einem abrupten *Pitch Up* konnte in solchen Fällen die Flugzeugnase in die Höhe schnellen, worauf der Flieger wie ein Stein nach unten ging. In Bodennähe waren die Chancen, noch mit dem Schleudersitz auszusteigen, sehr gering. Geschockt musste ich auf der Leinwand sehen, wie S. mit seinem Jet die Bäume streifte und das Flugzeug beim Aufschlag Feuer fing.

War es Fehlbedienung? Hatte der Pilot zu stark gezogen, um die quer liegende Landebahn aus einer Kurve zu erreichen; musste man die Konstrukteure mitverantwortlich machen? Die winzigen Flügel der F-104 ließen wenig Spielraum für aerodynamische Experimente. War der Flieger einmal auf dem Weg nach unten, blieb er meist dabei.

Hochleistungsflugzeuge wie die F-104G sollte man nicht pauschal als „unsicher" betrachten, eher als anspruchsvoll. Aber auch das ist relativ und Ansichtssache. Wann ein Flugzeug „gutmütig" oder „heimtückisch" ist, lässt sich nie hundertprozentig festlegen. Kleine, als sehr brav bekannte Sportflugzeuge geraten jedes Jahr mit tödlichen Unfällen in die Statistik; die deutlich komplexeren Airliner und Kampfflugzeuge sind hingegen, gemessen an der Privatfliegerei, nur selten vertreten.

Faktor Mensch

In der Luftfahrt macht menschliches Versagen *(Human Factor)* rund 70 Prozent der Unfallursachen aus. Es geht nicht nur um „Pilotenfehler" oder fehlerhaft produzierte beziehungsweise mangelhafte Flugzeuge. Heute fahndet man auch nach Schwachstellen in der Organisation, die die Flugzeuge betreibt, also zum Beispiel beim Flugbetrieb einer Airline. Auf das Militär übertragen sind es Staffeln, Stäbe, Luftflotten oder das Ministerium und die beteiligten zivilen Ämter.

„Die Beschaffung und Einführung des Starfighter F-104G war eine organisatorische Herausforderung für das amtsseitige Management im Ministerium", diagnostiziert Dieter Rode, ehemaliger Leiter der Endmontage und seinerzeit zuständig für die F-104G bei den Messerschmitt-Flugzeugwerken in Manching. *„Der damalige Inspekteur der Luftwaffe, General Steinhoff, verglich die zur ‚Starfighter-Krise' bestehende Organisation des Verteidigungsministeriums mit der des Familienministeriums; für ihn hatte der Begriff ‚Waffensystemmanagement' noch keinen Platz in der Ministerialbürokratie. So war das Ministerium bei der hohen Produktionsrate der Endmontagelinien in den USA, Niederlande, Belgien, Italien und der Bundesrepublik Deutschland, die allesamt F-104G Flugzeuge an die Luftwaffe auslieferten, überfordert – ein wesentlicher Grund für die Anfangsschwierigkeiten und die Verlustrate in Deutschland."*

Ging es anderen Staaten besser? *„Ich hatte Gelegenheit zu einem intensiven Meinungsaustausch mit dem Luftwaffenchef der Königlich Norwegischen Luftwaffe"*, erläutert Dieter Rode. *„Diese hatte in den ersten Jahren ihr eigenes Einführungsmanagement betrieben und trotz der schwierigen Flugbedingungen in Norwegen keinen einzigen F-104G-Unfall zu verzeichnen. Deutschland hätte die unter den Generälen Hrabak und Steinhoff eingeführten organisatorischen Änderungen und Maßnahmen wesentlich früher einführen müssen."* [60]

---

[60] Gemeint sind das luftwaffenseitige Waffensystemmanagement und die Sonderversorgungsweisung 52, Maßnahmen für einen einheitlichen Flugbetrieb der Luftwaffe und Marineflieger in den 1960er-Jahren.

Mensch und Maschine

Du musst alles mit Bedacht machen.

Walter Dodel

Die Schlagworte *Leben am Limit* oder *Fliegen am Limit* tauchen immer wieder in Filmen und Büchern auf, wenn es um Militärflugzeuge geht. Da wird suggeriert: Hier geht man aufs Ganze und nimmt bewusst Risiken in Kauf. Glück und Tatendrang genügen, um die „Mission" zu einem guten Ende zu bringen.

Die Maßnahmen unserer Vorgänger in den 1960er-/1970er-Jahren waren umfangreich, und wir Späteinsteiger fanden einen „eingefahrenen", gut organisierten Flugbetrieb vor – man hatte die F-104G offensichtlich im Griff. Natürlich hatte ich anfangs wenig Ahnung, in wieweit man im Alltag an irgendwelche Limits gehen musste und wie man sich vor Irrtümern schützen konnte. Mir war schon seit der Ausbildung klar, dass Jetpiloten meist im Tiefflug und in enger Formation flogen, bei anspruchsvollen Manövern kaum nach vorn guckten und den kurzen Flug unter hoher g-Belastung verbrachten.

Doch was hatten uns alle Ausbilder und die anderen erfahrenen *Old Heads* eingehämmert? Schon im normalen Flug, lange bevor irgendein Warnlicht anging oder der Motor streikte, konnte man eine Menge für die eigene Sicherheit tun. In der Fliegerei muss man sich selbst Grenzen setzen – eine rote Linie, Limits, die man nie überschreitet; ganz egal, was andere tun oder sagen, und was die Vorschriften hergeben. *Limits* und *Gates*, also horizontale, vertikale oder zeitliche Grenzen, bis zu denen ein sicherheitsrelevanter Schritt getan sein muss, gibt es überall in der Fliegerei. Zum Beispiel sollen beim Airliner in 1000 Fuß über Grund die Landeklappen und das Fahrwerk ausgefahren und alle Flugparameter stabilisiert sein.

Ich fragte mich: Wie „gut" oder „ausgeschlafen" musste ich sein, um die anspruchsvolle F-104 zu meistern? Wir waren ja nicht gezwungen, ein „riskantes" Flugzeug zu fliegen – und als solches empfand ich den Starfighter auch nicht. *„Ich kenne keinen Piloten, der aus Sicherheitsgründen das Fliegen auf der F-104 aufgegeben hätte"*, meint

199

auch Jan Wiedemann. *„Man sagt, dass Piloten vom lieben Gott einen Haufen Glück mit auf den Weg bekommen. Immer, wenn man wieder einmal Glück gehabt hat, wird etwas von diesem Haufen abgetragen. Nur gut, dass niemand weiß, wie groß sein ursprünglicher Haufen war und wann er aufgebraucht ist."*

Jan Wiedemann, Fregattenkapitän a. D.

Wiedemann hatte die F-104 als Offiziersschüler bei einem Besuch im Marinefliegergeschwader 1 gesehen und sich spontan entschlossen, dieses Flugzeug zu fliegen: *„Auch wenn behauptet wurde, dass eine Karriere nur in der fahrenden Flotte möglich war"*. Er durchlief die fliegerische Ausbildung und arbeitete später unter anderem als T-38-Fluglehrer in Texas, Staffelkapitän und stellvertretender Kommandeur im heimatlichen Geschwader in Schleswig-Jagel, wechselte zur NATO, ins Ministerium und schließlich als Verteidigungsattaché nach Norwegen und Westafrika. Nach dem aktiven Dienst in der Marine war Wiedemann Herausgeber der internationalen Zeitschrift *NAVAL FORCES* und Berater *in maritimen Angelegenheiten.*

Ich nahm mir vor, so viel Sicherheit in meine eigene Fliegerei zu bringen, wie es irgend ging. Gleich zu Beginn meiner Staffelzeit im MFG1 hatte ich großes Glück. Wir flogen in einer engen Four-Ship-Formation gen Süden; ich befand mich als rechter Flügelmann ganz außen. Wir hatten gerade die Elbe überquert, als der rechte Ärmel meiner Fliegerkombi irgendwo hängen blieb. Es war die Hand am Steuerknüppel, die da hakte, und das störte mich mächtig.

Genervt blickte ich ins Cockpit: Der Ärmel hatte sich an der eisernen Bleistifthalterspirale meines schwarzen Kniebretts verfangen. Ich wechselte darum die „Knüppelhand" und flog mit der Linken, während ich mit ruckartigen Armbewegungen den rechten Ärmel aus der Spirale zu zerren versuchte.

Es waren nur wenige Sekunden, in denen ich den Blick ins Cockpit gerichtet hielt. Als ich den Arm befreit hatte und wieder hochsah, waren die drei Flugzeuge nicht mehr links, sondern rechts von mir. Ich hatte ungewollt die ganze Formation unterquert! Bei dem Gedanken, mehrere Familienväter und mich selbst in tödliche Gefahr gebracht zu haben, läuft mir noch heute ein Schauer den Rücken hinunter.

F-104-Piloten „zogen" nicht mehr g-Beschleunigung als andere, hatten es aber durch die winzigen Flügel ihres Vogels mit einer besonderen Aerodynamik zu tun. Langsamflug im verkehrten Moment oder hohe Sinkraten konnten schnell gefährlich werden, im rasanten Tiefflug blieb „nach unten" keine Luft.

„Du musst dir vorher überlegen, wo sind meine Limits, wo packe ich noch mehr Safety rein?", meint der frühere Fluglehrer Walter Dodel. „Erinnerst du dich noch an unseren Kameraden...? Sieben Mal am Tag ist er in die Luft gegangen. Er machte diese Werkstattflüge: In 36.000 Fuß zogst du bei Mach 2 die Maschine hoch, um die Speed weg zu kriegen. Du durftest nicht über 45.000 Fuß gehen, musstest also den Flieger vorher auf den Rücken rollen, Power raus, Speedbrakes raus. Einmal tat er das nicht und stieg weiter. ‚Weißt du eigentlich, wie dunkel das da oben ist?', fragte er hinterher.

Ein anderes Mal war ich auf dem Rückweg von Ankara Leader, als er irgendwann aus meinem Rückspiegel verschwand und wieder auftauchte.

‚Hast du nichts gesehen?', rief er. Später sagte er mir, er habe die Maschine hochgezogen, auf den Rücken gedreht und sei inverted[61] an meiner Wing vorbei gefetzt. Wie leicht hätten sich unsere Flügelspitzen berühren können! Im Krieg wäre er wohl ein zweiter Hartmann geworden, mit tausend Abschüssen."

Der harte Einsatz lässt Flugzeuge altern – das galt natürlich auch für Starfighter, die von ihren Piloten nicht geschont wurden. Wir mussten Überschreitungen der zulässigen g-Belastung ins Bordbuch eintragen und melden; eine *Over-g-Inspektion* war die Folge. Ein zweiter, geschleppter g-Zeiger im Anzeigegerät blieb immer auf der höchsten erreichten Belastung stehen und konnte nach der Mission „weggedrückt" werden, sofern kein Over-g angelegen hatte. Doch wie viele „legale" g-Kräfte vertrug ein Starfighter tagein, tagaus?

„Ich war als Nr. 4 der Formation auf dem Weg zum Schießplatz Vliehors", erinnert sich Walter Dodel, *„und näherte mich den vorausfliegenden Maschinen mit 500 Knoten. Plötzlich machte der Flieger sehr heftige Rechts-Links-Bewegungen, mein Kopf schleuderte herum und der Helm stieß an das Kabinendach; draußen bewegten sich die Flügeltankspitzen asynchron heftig auf und ab. Was war denn das?*

Ich nahm das Gas raus, und die Schwingungen verschwanden. Sie traten während des gesamten Flugs nicht mehr auf. Die Technik zog Tiptankbefestigungen nach, und das Problem trat nicht mehr auf – bis zum Tag, an dem die Schwingungen wieder da waren. Es folgte eine tagelange Suche nach den Ursachen.

‚So können wir die Maschine nicht zum Flugbetrieb freigeben', sagte die Technik. Ganz zufällig und völlig überraschend fand sich die Lösung, als ein Techniker das Höhenruder auf einer fünf Meter hohen Arbeitsplattform seitlich auf und ab bewegte. Eben hatte er noch gesagt: ‚Auch das Höhenruderspiel ist noch weit innerhalb der Grenzwerte, das brauchen wir noch nicht auszubuchsen', da machten die Flächentanks die gleichen gegenläufigen Schwingbewegungen wie im Fluge! Das war's – obwohl hier noch weit innerhalb der Grenzen, war das ganze Flugzeug wohl etwas ‚verbogen' oder es summierten sich einige kleinere Dinge zu diesem Problem, das dann nach dem ‚Ausbuchsen' der Vergangenheit angehörte."

---

[61]   inverted = im Rückenflug

Wie überall in der Fliegerei kann man sich am besten vor Fehlern schützen, indem man einfach die eingeübten Verfahren anwendet, Schritt für Schritt, gebetsmühlenartig, jeden Tag von neuem. Wer sich nicht daran hält, wird schon mal böse überrascht.

Mehr als einmal musste ich mir eingestehen, dass irgendwo Hast im Spiel gewesen war. Zum Beispiel blickte ich mitten im Tiefflug ins Cockpit und sah blaue Schnüre herum baumeln; es waren die Rückholgurte für die Beine, die eigentlich durch Schlaufen an den Ober- und Unterschenkeln führten und wieder am Schleudersitz eingeklinkt werden mussten. Beim Ausschuss hätte ich wohl schlechte Karten gehabt und vielleicht eine Kniescheibe eingebüßt.

Auch andere Kleinteile können Piloten zum Verhängnis werden, wenn er sie vergisst. Da war zum Beispiel eine Halteklemme am Hilfshorizont *(Standby Attitude Indicator)* im Cockpit, die den *Cage Knob*, einen Knopf zum Herausziehen, der den Horizont mechanisch aufrichtet, sicherte. Diese Sicherheitsklemme musste vor dem Flug herausgenommen werden. Nach dem *Cagen* (Aufrichten) stabilisierte sich der kreiselgetriebene Horizont stets von selbst.

Unser Kommandeur machte Takeoff und war schon kurz darauf in den Wolken – kein Problem, denn es sollte ja ein Instrumentenabflug werden. Dummerweise fiel genau in diesem Moment der Haupthorizont aus und zeigte eine rote OFF-Flagge. Der Pilot richtete nun seinen Blick auf den Hilfshorizont, doch dieser – Murphy's Law – war leider noch mit der Klemme verriegelt und unbrauchbar. Nur die Tatsache, dass das Flugzeug Sekunden später wieder in 800 Fuß aus den Wolken stieß und in klarer Luft war, ließ diesen Flug noch einmal glimpflich verlaufen.

Walter Dodel war auf dem Heimflug, hatte noch genügend Sprit und beschloss spontan, noch einen TACAN-Anflug am benachbarten Luftwaffenfliegerhorst Leck (der TACAN-Kanal 28 wurde unten an der Seitenkonsole gerastet) zu machen.

„Ich melde mich an, bekomme die Erlaubnis und fliege nach meinen Anzeigen eine blitzsaubere Warteschleife. Dann folge ich dem vorgeschriebenen Verfahren – erst ein Stück weg vom Funkfeuer, dann die Kurve zum Endanflug – nehme eine neue Höhe ein und wundere mich, dass

mich der Lotse nach meiner Position fragt: ,We don't have you on our radar, squawk ident.'[62] *Was soll das denn?*

Ein Blick auf den kleinen Drehknopf meines PHI-Navigationsgeräts bringt die Erklärung. Er steht nicht auf TCN (für TACAN), sondern auf IN (für Inertial Navigator, Trägheitsnavigationsanlage), Station 1! Station 1 war Schleswig – ich habe das ganze TACAN-Verfahren des Flugplatzes von Leck über dem Flugplatz von Schleswig abgeflogen. Als Bayer bin ich an diesem Tage froh, dass es in Norddeutschland keine Berge gibt.

Und noch ein Beispiel aus der Serie „Shit happens":

„Wir stehen in Number One vor der Runway", erzählt ein Pilot. „Irgendwie muss ich auf den kleinen Trim-Knopf oben auf dem Steuerknüppel gekommen sein. Jedenfalls sagt mein Nachbar: Deine Höhenrudertrimmung ist völlig off! Tatsächlich – die Trimmung ist weggelaufen. Ich wäre wohl nicht vom Boden weggekommen und mit 200 Knoten in die Fanganlage gerasselt."

Starfighter in Echelon-Formation über See.

---

62   squawk ident = „Drücken Sie die Identifikationstaste am Sekundärradar (Transponder)"

Probleme aus Sicht der Marineflieger

Die ersten Jahre des F-104-Flugbetriebs in Deutschland waren eine einzige Katastrophe.

Wolfgang Engelmann

Wolfgang Engelmann, Flottillenadmiral a. D. und langjähriger Kommandeur der Marinefliegerdivision, schildert die Anfangsjahre der F-104 bei der Marine:

„Die Marine wollte die F-104 nicht, die Luftwaffe übrigens auch nicht. Die Marine suchte ein Flugzeug mit zwei Triebwerken, doch der Kauf wurde aus politischen Gründen entschieden – zur Stützung der heimatlichen Industrie und wegen der nuklearen Teilhabe der Bundesrepublik; es musste das gleiche Flugzeug für Marine und Luftwaffe sein.

Viele technische Änderungen und Einbauten waren umzusetzen. Das Seitenleitwerk wurde um 25 Prozent vergrößert; Holme, Rippen und Fahrwerk wurden verstärkt; Radar, Navigationssystem und andere Bauteile eingerüstet; diese Maßnahmen brachten eine Gewichtszunahme von 1,1 Tonnen. In den Geschwadern fehlten Ersatzteile, Werkzeug, Bodendienstgeräte, die Infrastruktur war völlig unzulänglich. Es mangelte an technischem Personal und die Dauer der Industrieinstandsetzungen war inakzeptabel.

Eine weitere Belastung waren die TA und VTA (technische Anweisungen) zur Beseitigung der diversen konstruktiven und technischen Mängel. Insgesamt 1600 Anweisungen wurden umgesetzt, allein 1967 waren es 114; die Durchführung erforderte zum Beispiel im Marinefliegergeschwader 1 70.000 Arbeitsstunden. Das Verhältnis von Flugstunden zu Arbeitsstunden betrug übrigens anfänglich 1: 500, ab 1967 1: 115 und erst ab 1969/70 1: 50. Entsprechend war die Verfügbarkeit von Flugzeugen: 1966 hatte das MFG1 46 Flugzeuge am Platz; geflogen wurde nur 18 Stunden pro Tag. Das besserte sich erst ab 1969 mit 39 verfügbaren Flugzeugen und 39 Flugstunden pro Tag.

Der geringe Klarstand der Flugzeuge wirkte sich auf den Ausbildungsstand der Piloten aus; die große Zahl von Zwischenfällen und teils tödlichen Unfällen in ersten Jahren war auch darauf zurückzuführen."

Wolfgang Engelmann, Flottillenadmiral a. D.

Engelmann, Jahrgang 1937, nahm den normalen Werdegang zum Seeoffizier und begann 1961 mit der fliegerischen Ausbildung. Ab 1963 war er Jagdbomber-Flugzeugführer auf Sea Hawk und Starfighter und durchlief Führungsposten vom Einsatzoffizier im Geschwader bis zum Kommodore des MFG2. Nach Verwendungen im Ministerium und in der NATO im In- und Ausland war Engelmann bis zu seinem Ruhestand (1997) Kommandeur der Marinefliegerdivision, der späteren Flottille der Marineflieger in Kiel-Holtenau.

Die erwähnten Maßnahmen wurden noch 1966 nach mehrwöchiger totaler Flugpause deutschlandweit umgesetzt. Bis dahin hatten zahlreiche Luftwaffen- und Marineflieger ihr Leben gelassen; die Ursachen waren vielfältig. *„Wir haben F-104-Piloten durch technisches Versagen, Überforderung (Pilot Error) oder ‚fliegerische Unzucht‘ verloren"*, sagt der frühere Staffelkapitän Jan Wiedemann. Er ist überzeugt, dass der Starfighter bei seiner Einführung in die Bundeswehr technisch nicht ausgereift war. *„Bei Regen konnte es passieren, dass die Schubdüse aufging. Mehrmals wurden sämtliche Flugzeuge gegroundet[63], weil bei den Landeklappen in Stellung LAND die Luftumlenkbleche in den Knien der Rohre abbrachen und die Luftzufuhr zur Boundary Layer Control[64] blockierte; das war im Landeanflug mit ausgefahrenem Fahrwerk in der Regel tödlich. Die C2-Schleudersitze wurden nach mehreren tödlichen Unfällen, bei denen nach der Sitz-Mann-Trennung der Sitz den Fallschirm durchschlug, durch den Martin-Baker-Sitz ersetzt, was sicher einige Menschenleben rettete."*

Four-Ship Fingertip Formation F-104G

---

63   gegroundet = aus dem Flugdienst genommen

64   Boundary Layer Control (BLC) = Grenzschichtbeeinflussung durch Zapfluft vom Triebwerk, die im Anflug über die Landeklappen strömt

Ohne Schub nichts los

Zu den besonderen Merkmalen der Fä104G zählte das bärenstarke General- Electric-J-79-Triebwerk, das auch in der F-4 Phantom (dort zweifach) für Schub sorgte. Modifiziert und ohne Nachbrenner arbeitete es sogar im schnellsten Unterschall-Airliner der Welt, der vierstrahligen Convair Coronado CV990, wo es als weltweit erstes *Aft-Fan*-Triebwerk[65] eingesetzt wurde.

Der Nachbrenner unseres Fliegers besaß eine verstellbare Schubdüse, die *Nozzle*, deren Durchmesser sich leistungsabhängig automatisch veränderte. Streikte die Automatik ausgerechnet beim Start und die Nozzle fuhr auf, fehlte abrupt Schub und das Flugzeug sackte durch. Mit einem T-Griff ließ sich die Mechanik in einer Notstellung verriegeln, um mit einem gewissen Mindestschub heil über den Zaun zu kommen.

Die verstellbare Schubdüse am
Starfighter-Triebwerk

Peter Krusemeyer schildert ein unangenehmes Erlebnis mit der Schubdüse:

„Am 8. Mai 1971 startete ich mit Baldur als 2-Ship zu einem Cross-Country von Eggebek nach Getafe bei Madrid. Das Wetter war BLU+[66], wir planten einen Formation Takeoff und Level-off in FL 260.

Kurz nach dem Abheben passierte das Unerwartete: Das ‚Engine Oil Level Low Warning Light' ging an, gleichzeitig bemerkte ich einen deutlichen

---

[65]   Beim Aft-Fan-Triebwerk sitzt der „Fan" nicht vor dem restlichen Triebwerk, sondern dahinter.

[66]   BLU+ = Flugsichten von mindestens 8 km, keine „Hauptwolkenuntergrenze" unter 20.000 Fuß

Schubverlust. Die Schubdüse war aufgefahren! Jetzt musste alles wie programmiert laufen. Also:

Nozzle handle – OUT, if Nozzle does not close: Mayday, return to Eggebek.

Mein Leader Baldur bestätigte mir, dass die Schubdüse offenstand. Ich arbeitete die auswendig gelernte Checkliste ab; dann setzte ich mich für ein Precautionary Pattern[67] ab, fuhr das Fahrwerk im Endanflug bei 250 Knoten aus und brachte die Flaps in Take-off-Stellung.

Ohne Power, trotz ‚full military‘[68] nur heiße Luft: Die Landung geriet definitiv zu hart, was das Fahrwerk mit einem Kollaps des rechten Rades quittierte. Ich konnte die F-104 bis kurz vor dem Bahnende auf der Landebahn halten und kam mit leichter rechter Schräglage zum Stillstand. Nach mehrfacher Rückversicherung durch den Tower, die Feuerwehr und mich selbst, dass alles soweit okay war, verließ ich äußerlich cool, aber mit schlotternden Knien mein Cockpit. Wie heißt es doch so schön? A landing you can walk away from is a good landing."

Glück gehabt: Peter Krusemeyers F-104 G ist mit dem Fahrwerksschaden noch einmal glimpflich davongekommen.

---

67   Precautionary Pattern = Anflug im Notfall mit besonderer Geschwindigkeit

68   Military = normaler Schubregelbereich ohne Nachbrenner

Flugzeug-Limits

Die Robustheit der F-104 stand nie infrage. Nur selten gab es an der „Hardware" ernsthaft etwas zu beanstanden, und wenn jemand den Flieger im Eifer des Gefechts überzog (seine g-Limits überschritt), war die anschließende Inspektion der Wartung meist ohne schwerwiegenden Befund. *„Das Flugzeug war immer okay"*, bestätigt Werkstattflieger Walter Dodel. *„Ich bin das eine oder andere Mal im Luftkampf in den Jetwash[69] geraten, das tat einen Schlag... Hinterher war nichts kaputt. Einmal stellte ich als Number 4 in der Formation bei 350 Knoten plötzlich fest: Ich hatte noch das Fahrwerk draußen... Also: Power raus, Fahrwerk wieder rein und hinterher. Der Flieger hielt unheimlich viel aus."*

Bei jedem Flug mit dem Starfighter war klar: Wenn das Triebwerk streikte, musste man sich vermutlich herausschießen. Ein guter Grund, sich sorgfältig mit den Rettungsmitteln zu befassen, beim Sea Survival in Nordholz gut zuzuhören und auch sonst „alert" zu sein. Selbst auf den Innenseiten der Toilettentüren unserer Fliegerstaffel waren die *Bold Face Procedures* angeklebt, große DIN-A-4-Bögen mit Notverfahren, die man auswendig beherrschen musste.

Darunter gab es einfachere und solche, deren genaue Abfolge besonders wichtig war – zum Beispiel *Spin Recovery* für das Abfangen nach unfreiwilligem Trudeln. Niemand aus meinem Bekanntenkreis hatte freiwillig eine F-104 getrudelt, selbst Testpiloten waren schon aus dem trudelnden Starfighter per Schleudersitz ausgestiegen – sie hatten den unkontrollierbaren *Zipper* nicht mehr in den Griff bekommen.

Die *Ejection* selbst – der Schleudersitzausstieg mit allem Drum und Dran – stand auf einer Liste, die jeder im Schlaf hersagen konnte. Eine bessere Lebensversicherung als den Martin-Baker gab es schließlich nicht.

Kein anderes Flugzeug hatte (wegen der kleinen Flügel) so hohe Landegeschwindigkeiten. Es gab vor meiner Zeit eine lange Phase,

---

[69]   Jetwash = Turbulente Wirbelschleppen oder Abgasstrahl eines vorausfliegenden Flugzeuges

in der der Starfighter nur mit *Takeoff Flaps* gelandet werden durfte, also halbem Landeklappenausschlag. Der Grund waren Fehlfunktionen der Boundary-Layer-Control-Anlage, die bei vollem Landeklappenausschlag Zapfluft vom Triebwerk über die Fläche pumpte, um so den Strömungsabriss zu verzögern. Riss auf einer Seite ein *BLC*-Leitungsrohr, brach die Strömung an der betroffenen Flügelhinterkante schlagartig zusammen und das Flugzeug rollte abrupt nach rechts oder links – fatal in Bodennähe. Bis zur Lösung dieses Problems wurde also mit mindestens 195 statt 175 Knoten (plus Zuschläge, je nach Restkraftstoff) angeflogen, was die Landung „sportlich" machte. Bei schlechtem Wetter landete man mangels Instrumentenlandesystem (ILS) ausschließlich mit Hilfe des Radarlotsen, der den Piloten unter *GCA (Ground Controlled Approach)* heruntersprach. Dafür galt das „schlechteste" Wetterminimum für erfahrene Piloten, der *Colour State AMBER*: eine Mindestsicht von 800 Metern und eine Wolkendecke nicht unter 200 Fuß. Das sind für Verkehrsflugzeuge normale, ja „gute" Schlechtwetterbedingungen, bei denen jeder junge Kopilot landen darf. In der wesentlich schneller anfliegenden F-104 verwandelte sich die Sicht in eine Suppe, aus der man am „Minimum" – in 200 Fuß – die Landebahn eher ahnen als sehen konnte. Gut, dass vor der Bahn eine laufende Blitzbefeuerung *(Running Rabbits)* installiert war, die den Piloten recht zuverlässig zum Aufsetzpunkt führte.

Während der F-104-Jahre wurden viele technische Änderungen und Verbesserungen umgesetzt. Eine davon war der Radarhöhenmesser *(Radio Altimeter)*, mit dem man seine Höhe über Grund viel präziser feststellen konnte als mit einem normalen, barometrischen Höhenmesser. Freilich waren wir auf der F-104G so tief unterwegs, dass buchstäblich jeder Meter „Luft unter dem Kiel" zählte.

Anfangs war noch keine Warneinrichtung vorhanden, die mit dem Radarhöhenmesser gekoppelt war. Während meiner Dienstzeit wurde sie eingebaut: Ein kleiner Marker wurde 10 Prozent unter die geplante Flughöhe gestellt und löste dann ein Licht, später auch einen Warnton aus.

„Einmal machten zwei von unseren Hundertviers nördlich von Jever über Wasser im Tiefflug Luftkampf", berichtet Walter Dodel. *„Tiefe*

Wolken hingen überall herum. Ein Flugzeug geriet in die Wolkenschicht, vielleicht in 3–400 Fuß. Der Pilot blickte sofort auf die Instrumente und rollte den Flieger mithilfe des künstlichen Horizonts gerade. Plötzlich kam der Warnton vom Radarhöhenmesser, der auf 180 Fuß eingestellt war und der Pilot zog wie ein Stier. Hätte er den Marker nicht eingestellt, wäre er gecrasht – das Ding war unsere Lebensversicherung."

Ein anderes Problem war das Bedienfeld des UHF-Funkgeräts, das in der Frühzeit noch keine zweite Frequenz-Anzeige im Sichtfeld des Piloten hatte und seitlich links unten im Cockpit angebracht war. In enger Formation musste der Pilot bei Frequenzwechseln also nach unten schauen, schnell etwas eindrehen und wieder hochgucken, um seinen Leader nicht zu verlieren oder zu rammen.

„Wir flogen mal im dichten Wetter nach Hause", beschreibt Walter Dodel eine solche Lage. *„Die Suppe war mal wieder so dick, dass das andere Flugzeug ab und zu verschwand und ich nur noch den Tiptank sah. Wir gingen in den Anflug nach Schleswig und wurden von Eider Control auf Search und Final Radar geschickt; das waren damals manuelle Frequenzen und noch nicht Kanäle. Der Wind kam von links, und ich flog auch links vom Leader, um bei der Landung nicht in seinen Jetwash zu geraten. Ich guckte bei jeder neuen Frequenz also links runter und drehte erstmal in zwei Schritten die Hunderter und Zehner der Frequenz ein. Immer nur kurz runter blicken! Die Einer der Frequenz musste ich dann nach Gefühl und ‚Klicks' eindrehen."*

Fehlersuche auf der F-104

Immer wieder kam es vor, dass man dem Starfighter (wie anderen Flugzeugen) bei technischen Problemen erst einmal eine kleine Chance geben musste. Schließlich war er wie alle Flugzeuge ein „in enger Formation fliegender Haufen von Einzelteilen", und die mussten manchmal erst einmal auf Vordermann gebracht werden. Wenn also irgendwann ein Warnlicht brannte, lautete die Devise: *„Don't panic!"*

Dann ging es weiter in der gedanklichen Notfall-Checkliste:

Drücke auf den *Master-Caution*-Knopf, das rote Warnlicht, um die Lampe zu löschen und die Warntafel zu resetten. Dann kümmere dich zügig um den Fehler.

In der F-104 flog man allein, darum war kein Platz für technische Handbücher oder Fehlertabellen wie in einem Verkehrsflugzeug oder einer militärischen Transportmaschine. Nein, die meisten Piloten legten einfach die kleine schmale, in blaues Plastik gebundene Ringordnercheckliste auf die rechte Seite des Blendschutzes *(Glare Shield)* vor der Cockpitscheibe. Dort klemmte sie auch bei Luftkampf und engem Kurvenflug sicher fest und war zur Hand, wenn irgendwas nicht funktionierte.

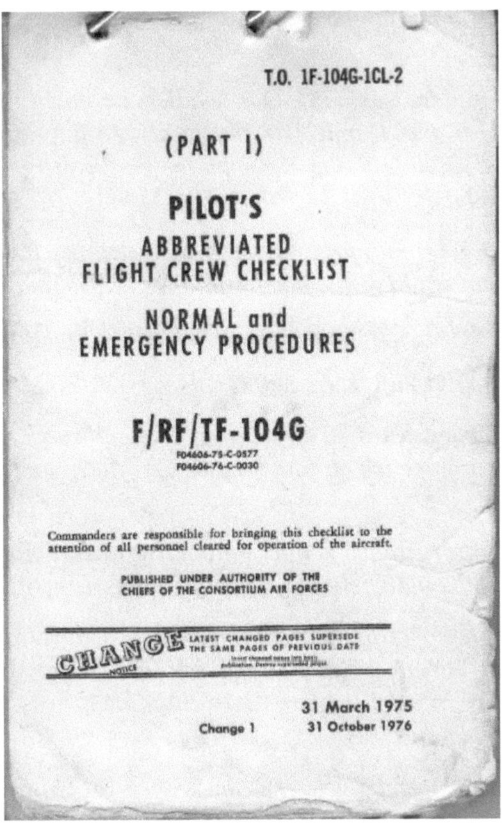

Immer zur Hand: die Starfighter-Checkliste

Der dritte Hochzeitstag

Bitte anschnallen! Hier ist eine wahre Geschichte, die mein Freund Harald Böhnke von der Luftwaffe erlebte:

Der 3. Hochzeitstag – oder ein Tag davor.

„11. März 1974, vormittags, ein ganz normaler Tag, das Wetter ist für die Jahreszeit recht gut, mittlere Bewölkung, gute Sichten über Süddeutschland. Der Flugauftrag lautet: Tiefflug nach Süden in Zweierformation, vor der Landung ein Radaranflug. Wir besprechen die Streckenplanung der vorgefertigten Route und machen Briefing. Noch schnell einen Kaffee und dann raus – die Startzeit ist 12:45 local. Nach dem Triebwerksstart checkt die Nummer 2 nicht auf der Frequenz ein. Der Flieger ist kaputt, Hydraulikleck, also wieder mal alleine fliegen. Das Wetter ist gut, auf geht es.

Tiefflug über Süddeutschland! Das Wetter ist nicht ganz so gut wie vorhergesagt, aber alles klappt. Ich gehe in den Anflug und nehme Kontakt mit dem Fluglotsen auf. ‚Radar Kontakt, folgen Sie meinen Anweisungen!‘ Mach ich doch glatt.

‚Steigen Sie auf 4500 Fuß und reduzieren Sie die Geschwindigkeit auf 250 Knoten.‘ Jetzt bin ich in den Wolken und muss Kurs und Höhe halten.

‚Sinken Sie auf 4000, Kurs 300 Grad in Richtung Endanflug Runway 07.‘

‚Sinken Sie auf 3500 Fuß, Kurs 360 Grad.‘

Ich kriege den neuen Kurs 40 Grad, fahre das Fahrwerk aus und sinke auf 2900 Fuß. Dann fange ich ab und schiebe Gas nach, um die neue Höhe zu halten.

Was ist das? Von irgendwo kommt ein knatterndes, donnerndes Geräusch – und der Schub ist plötzlich weg. Schnell die Instrumente checken:

Die EGT-Abgastemperatur steht im roten Bereich, die Drehzahl sinkt, keine Reaktion mehr beim Schub. Das ist ein Compressor Stall, ein Strömungsabriss im Verdichter: das Schlimmste, was dir in niedrigen Höhen passieren kann!

Ich steige in die auswendig gelernte Emergency Procedure ein:

Throttle off, start switches start, throttle idle[70]*...*

Keine Reaktion! Nochmal ... ich kann das ja blind. Aber wo bin ich, wo fliege ich hin? Was mache ich, wenn das Triebwerk nicht mehr anspringt? Wo steige ich aus?

Shit! Vor mir sind zwei Hochhäuser, auf die ich genau zufliege.

Throttle off, start switches start, throttle idle ...

Hier kann ich nicht aussteigen – zu viele Menschen sind in Gefahr, ich inklusive, also wohin?

Immer noch keine Reaktion vom Triebwerk, nichts als Knattern, Donnern und heiße Luft – kein Schub! Ich muss den Flieger trimmen und Höhe halten.

Jetzt meldet sich der Fluglotse: ‚Turn right 75 Grad, prepare for descent!' Klasse, vor mir ist Platz...

Throttle off, start switches start, throttle idle ...

Ich setze einen Notruf ab: ‚Declaring Emergency – Compressor stall!'

Hier kann ich auch nicht raus ... ein riesiger Parkplatz! Ich werde in den Trümmern der brennenden Autos umkommen. Throttle off, start switches start, throttle idle ...

Ich drehe 20 Grad nach links, trimme und gebe Geschwindigkeit auf, um

Höhe zu halten,

Immer noch kein Lebenszeichen vom Triebwerk. Throttle off, start switches

start, throttle idle ...

Hier vielleicht aussteigen? Shit!! Ein großes Gebäude vor mir, davor zwei Personen ... direkt am Gebäude die Fabrikhallen der Ford-Werke Düren!

Throttle off, start switches start, throttle idle ...

Keine Reaktion des Triebwerks – nur heiße Luft... Wenn ich mich hier rausschieße, klebe ich an der Wand und mein Flieger rutscht brennend direkt durch den Haupteingang in die Werkhalle.

---

70   Schubhebel in Stellung „Aus", beide Startschalter auf „Start", Schubhebel in „Leerlauf"

Trimmen, die Geschwindigkeit schwindet rapide – vorsichtig 20 Grad nach links ... Throttle off, start switches start, throttle idle ...

Oh nein, nicht schon wieder! Vor mir zwei große Öltanks – ich bin noch zu jung, um zu verbrennen ...

Trimmen, den Flieger drüber heben ...

Oh Shit ... Stick shaker, der Steuerknüppel rattert – meine Geschwindigkeit ist zu gering! Viel weiter runter geht nicht ... Hier muss ich drüber und dann ...

Throttle off, start switches start, throttle idle ...

Oh nein – vorn, höher als ich, eine Hochspannungsleitung! Das ist TIEF! Ich muss raus und funke: ‚GCA, I'm bailing out now!' Jetzt den Schleudersitz aktivieren über die Griffe über dem Kopf mit beiden Händen vor das Gesicht ziehen ...

Klick, Klick, BÄNG! Das Kabinendach fliegt weg... Warum passiert nichts mehr?

BÄNG! Die Sitzkartusche zündet und schiebt den Schleudersitz mit lautem Knall die Führungsschiene hoch, bis nach etwa 30 Zentimetern das Raketenpaket gezündet wird. Weißgelber Feuerschein spiegelt sich in den Instrumenten, danach sehe ich blauweißen Himmel und kurz darauf grünes Feld ...

Der Fallschirm öffnet sich und ich rieche Feuer... Ich habe die Hände an den Fallschirmleinen, um vom Feuerball weg zu steuern, da schlage ich schon hart auf, etwa acht Meter neben meinem Flieger.

Als sich der Qualm verzogen hat, kommt ein VW Bulli angefahren. Ich rufe dem Fahrer zu: „Das ist eine Unfallstelle und Sicherheitsbereich – entfernen Sie sich von hier! Fassen Sie nichts an!

Jetzt kommt auch die Ford-Werksfeuerwehr angerast, das ging aber schnell. Ich schnalle Schirm und Rettungspaket unter meinem Hintern ab und gebe Anweisungen: Restliche Feuer löschen und absperren! Nichts anfassen! Der Flugsicherheitsoffizier und sein Trupp untersuchen den Fall!

Kurz darauf landet der SAR-Hubschrauber mit dem Fliegerarzt, einem Flugsicherheitsoffizier und drei weiteren Soldaten. ‚Sind Sie verletzt?', fragt der Doc. ‚Nein, mir tun nur das linke Knie und der Hintern weh.' Kein

Wunder bei einem Tritt mit der Wucht vom 14-fachem Körpergewicht; ich habe mir auf die Zunge gebissen.

‚Was war los?‘, fragt der FSO[71] ‚Compressor Stall‘, antworte ich. Er sagt: ‚OK, sonst noch was?‘

‚Nee, nur heiße Luft – und Glück gehabt. Die Feuerwehr ist angewiesen, zu löschen, abzusperren, nichts anzufassen und Zivilisten zu vertreiben.‘

‚Steigen Sie ein, wir fliegen ins San-Revier‘, sagt der Doc.

Bei der Untersuchung findet er nichts Gravierendes, nur ein kleines Loch in der linken Wade. Das Knie ist dick, und ich habe mir in die Zunge gebissen. Aber ... ich bin jetzt ungefähr fünf Zentimeter kleiner.

‚Doc, ich rufe meine Frau an. Sonst fällt sie in Ohnmacht, weil ich ihr erklärt habe, wenn der Doc anruft oder der Kommandeur oder der Kommodore mit dem Standortpfarrer oder dem Doc vorbeikommen, dann ist was mit mir passiert!‘

‚Ja, ja, geht schon klar‘, sagt der Doc.

Fünf Minuten später kommt er rein und sagt: ‚Ich habe Ihrer Frau gesagt, dass wir auf dem Weg ins Krankenhaus in etwa zwanzig Minuten kurz bei ihr vorbeikommen.‘ Ich hätte ihn fast umgebracht ...

Auf dem Weg ins Dürener Krankenhaus fahren wir tatsächlich bei mir in Merzenich vorbei, und ich kann meine Frau und unsere kleine Tochter kurz in die Arme nehmen.

Bei der Einlieferung und nochmaligen Untersuchung inklusive Blutabnahme zwecks Blutalkoholbestimmung fällt dem Doc auf, dass die Krankenschwester einen Alkoholtupfer zur Desinfektion der Einstichstelle benutzt hat – 100 Prozent Alkohol auf der Haut, und dann den Alkoholgehalt im Blut bestimmt ...

Der Doc ist gut drauf und lässt noch eine Blutprobe nehmen, diesmal mit alkoholfreier Desinfektion (mit Alkoholtupfer waren es genau 0,25 Promille mehr). Ich bleibe über Nacht im Krankenhaus. Am nächsten

---

71   FSO = Flugsicherheitsoffizier

Harald Böhnke, Oberstleutnant der Luftwaffe d. R.

Böhnke trat 1965 in die Bundeswehr ein und hatte seinen ersten Starfighter-(TF) -Flug an seinem 21. Geburtstag – damals als jüngster Starfighter-Pilot. Er flog in Wittmund, Nörvenich und Jever, arbeitete als Fluglehrer (u. a. auf Tornado in England) und ging nach seiner Militärzeit zur Lufthansa, wo er als Fluglehrer sowie als Kopilot auf Boeing 737 tätig war. Seinen Spitznamen „Rittmeister" verdankt er nicht zuletzt seinem gewaltigen Schnauzbart.

„Rittmeister" Harald Böhnke (links) mit seinem Marinekameraden Peter Krusemeyer. Die beiden waren als Fluglehrer auf F-104G an der Waffenschule der Luftwaffe 10 in Jever eingesetzt.

Morgen kommen sämtliche Ärzte, Schwestern und Pfleger mit Zeitungen zu mir ins Zimmer, gratulieren und schütteln mir die Hände. Alle wollen

den ‚Held von Düren' sehen. Ich habe keine Ahnung, wovon die reden. Heute ist aber unser Hochzeitstag; vor drei Jahren habe ich die Frau meines Lebens geheiratet.

Nach dem Lesen der Zeitungen bin ich schlauer: Die beiden Personen im Eingang zu den Ford-Werken waren der Personalchef und der Produktionsleiter. Die beiden haben alles beobachtet und auch mit der Presse gesprochen. Mein Kommandeur wurde auch befragt, so wurde ich der Held von Düren.

Wie komme ich nach Hause? Mit dem Taxi oder einem Bundeswehrkraftfahrer? Gegen 10.15 Uhr hat sich die Frage erledigt. Zwei Mann von der BILD-Zeitung wollen mit mir reden und holen mich ab. Einer fragt, der andere schreibt; die beiden fahren mich heim. Auf dem Weg erkläre ich, dass ich noch einen Strauß Rosen zum Hochzeitstag für meine Frau kaufen will. ‚Das machen wir', sagen die beiden.

Es ist der 12. März 1974; rote Rosen kosten ein kleines Vermögen. Einer der Männer geht in den Blumenladen und kommt mit drei gelben Chrysanthemen und etwas Grün zurück – die Rosen waren doch zu teuer, das zahlt die Zeitung nicht. Egal, ich kann meiner Frau heute Nachmittag selbst Blumen kaufen.

Daraus wird nichts, denn die BILD-Zeitung hat für den Nachmittag ein Interview mit den beiden Herren der Ford-Werke organisiert. Es erscheint auch der PR-Direktor aus Köln, um die richtige Werbung für die kriselnde Autoindustrie zu machen – im Sommer 1972 gab es Sonntagsfahrverbote und die Absatzzahlen sind stark gesunken. Die Ford-Werke schenken mir einen gelben Granada 2,3 Kombi; es wird eine preiswerte Werbekampagne mit dem Werk wochenlang auf der ersten Seite.

Die Annahme des Geschenks musste allerdings durch den Verteidigungsminister genehmigt werden.“

Haralds Heldengeschichte habe ich oft weitererzählt. Es war eine Glanzleistung, denn antriebslose F-104 segeln nicht weit. Das Manko, nur ein Triebwerk zu haben, teilt der Starfighter mit der immer noch sehr modernen General Dynamics F-16, einem aus meiner Sicht äußerst würdigen F-104-Nachfolger.

Wenn kein Schub mehr da ist, kommt irgendwann der Acker. Mit etwas Glück findet sich wie in Düren doch noch ein freies Plätzchen für den „geordneten" Crash, doch nicht immer sitzen die eingeübten Griffe so gut wie bei Harald Böhnke. Dass er – wohl unter Schock – dem Rettungspersonal Anweisungen gibt, ist nur verständlich, denn gelernt ist gelernt.

„Düren" ist eine glimpflich ausgegangene Horrorstory, bei der noch ein Auto heraussprang. Baron von Richthofen hätte solchen Dusel natürlich als *Fortüne* bezeichnet.

Starfighter zu fliegen und dabei alt zu werden, hat wohl auch mit Gelassenheit und Besinnung zu tun. Einige Jahre nach meiner Ausbildung in den USA traf ich einen netten Luftwaffenkameraden, den ich länger nicht gesehen hatte. Interessiert fragte ich nach seinen weiteren Plänen. Wollte er vielleicht Fluglehrer in Texas werden, die Werkstattflugberechtigung erwerben oder sonst etwas Tolles machen?

Mein Kumpel zog nur die Augenbrauen hoch. *„Ich möchte in Würde Hundertvier fliegen"*, sagte er achselzuckend. Wie treffend hatte er es auf den Punkt gebracht! Das Flugzeug war der Konzertflügel. Wir mussten üben, üben, üben, so lange wir es flogen.

Abschied

Flug nach Island

Am 9. Juli 1982 sollte mein letzter großer Cross-Country mit der F-104 stattfinden. An diesem Freitag wollte ich mit dem deutlich erfahreneren Kameraden Schorse von Eggebek zum schottischen Lossiemouth (EGQS) fliegen, auftanken und dann nach Keflavik auf Island (BIKF) weiter düsen. Unsere Flugzeuge waren für das Wochenende vollgepackt. Wir hatten eine dunkle Vorahnung vom isländischen Sommerwetter und sicherheitshalber warme Jacken und Pullover dabei.

Lossiemouth ist ein alter Royal-Air-Force-Platz mit mehrfachem Bezug zur deutschen Marine. Von hier aus starteten 1944 britische Bomber, um das Schlachtschiff *Tirpitz* zu versenken; 14 Jahre später stellte die Bundesmarine am selben Ort ihre erste *Sea Hawk*-Mehrzweckstaffel in Dienst.

Wir landeten unsere Starfighter, tankten, gaben den Flugplan nach Island auf und flogen weiter. Noch nie war ich in einem einmotorigen Flugzeug so weit nördlich und so weit draußen über dem Meer gewesen; es war nicht sonderlich beruhigend zu wissen, dass unsere Funkausrüstung für solche Strecken nicht ausgelegt war. Wir hatten nur militärische UHF-Funkgeräte an Bord, keine zivil zu nutzenden Kurzwellen- oder VHF-Sender. Bald waren wir außerhalb der Reichweite jeder Küstenstation. Wenn einer von uns hier aussteigen musste, konnte er nur darauf hoffen, von einem zufällig vorbeifahrenden Schiff aufgefischt zu werden.

Wir erreichten Island bei bestem Wetter und meldeten uns bei Keflavik Tower. Nach einem Blick auf unsere Tankuhren – sie zeigten in beiden Flugzeugen noch reichlich Restkraftstoff an – beschlossen wir, noch etwas auf Sightseeingtour zu gehen. Wir meldeten uns wieder ab und verschwanden in Richtung Gletscher und Berge. Was für eine Landschaft! Begeistert ließen wir unsere Starfighter über dem menschenleeren Naturwunder tanzen und kehrten zufrieden zum Militärflughafen zurück. Nach der Landung bezogen wir ein Zimmer in einem Wohnblock der US-Marine.

Es war Hochsommer, und draußen herrschten „sommerliche" 12 Grad Celsius; die Frauen saßen im Bikini vor bunt gestrichenen, fernbeheizten Betonhäusern in der Sonne. Rund um Reykjavik gab es am Wochenende fröhliches Treiben. Nachts blieb es taghell, und die Diskotheken waren voll; junge Leute lagen mit Wodkaflaschen im Gras. Party im Norden!

Tagsüber hatten wir Gelegenheit, die wundervolle Landschaft zu entdecken: Geysire, heiße Badeseen in schillernden Farben. Getrockneter Fisch auf langen Gerüsten. Klare Luft, die alles wie auf Kodachrome-Fotos strahlen ließ. Nie hatte ich so etwas gesehen.

Wer als US-Soldat nach Keflavik ging, durfte sich hinterher ein Kommando aussuchen; die Mannschaften und Offiziere in der großen Kantine der Keflavik Air Base machten einen zufriedenen Eindruck.

Als wir am Montag wieder starten wollten, leuchtete beim Anlassen meiner 21+29 das Low-Oil-Licht auf. Ich kletterte aufs „Dach" und zog den Ölstab: Er war staubtrocken! Der ganze Schmierstoff musste sich auf unserem Herflug davongemacht haben, denn unter dem Flieger war kein Tropfen zu sehen.

Die amerikanischen Luftwaffenmechaniker zuckten ratlos mit den Schultern; dann kam jemand mit Leiter und Werkzeug, und bald war unter der Verkleidung meines Starfighters der „Schuldige" gefunden. Ein mit Metallgeflecht verstärkter Schlauch hatte den Geist aufgegeben – die äußerlich intakte Leitung war von innen durchgegammelt und porös geworden, das Öl vom Haupttank einfach herausgelaufen.

Mit dieser niederschmetternden Diagnose war meine F-104 gegroundet. Niemand konnte wissen, welchen Schaden das Triebwerk schon genommen hatte; es musste auf alle Fälle gewechselt werden. Wir telefonierten hin und her, bis uns aus Deutschland eine Transall der Luftwaffenbasis Hohn (bei Rendsburg) mit Mechanikern und Ersatztriebwerk für den folgenden Donnerstag zugesagt wurde.

Wir nutzten die Zwangspause für die Fortsetzung unseres Island-Besuchsprogramms mit einem gemieteten VW Golf. Die Insel war ein Erlebnis; wir konnten die Weite und Einsamkeit kaum fassen, und an den entlegensten Ecken trafen wir einzelne Menschen beim Angeln und Zelten. Man konnte glauben, die wenigen Isländer fuhren am Wochenende extra zwei Stunden durch die Wildnis, um ganz bestimmt völlig allein zu sein.

Als am Donnerstag die Marine-Technikmannschaft aus Deutschland eintraf, stand meine F-104 schon in der großen Flugzeughalle. Neugierig beobachteten die US-Wachleute die Reparatur meines Vogels.

In Windeseile schraubten die Profis das Heck der F-104 ab. Bald war der neue Motor drin, und die Männer machten vor der Halle den obligatorischen Probelauf. Alles okay! Nun kam der „soziale" Teil. Die Techniker kehrten in den Hangar zurück und öffneten eine Werkzeugkiste. Den Wachtposten blieb vor Staunen der Mund offen stehen: Dort lagerten größere Mengen von Schnaps und Bier. Mit einem zünftigen Schluck wurde auf die Arbeit angestoßen.

Die Marinetechniker hatten sich ihr freies Wochenende auf Island redlich verdient und mussten erst am Montag wieder nach Deutschland zurückkehren. Etwas hatten die Techniker „ambulant" nicht beheben können: Der Fanghaken ließ sich nicht arretieren und musste mit einer „Bauchbinde" um das Heck gesichert werden. Wir bedankten uns bei unserer Mannschaft und bestiegen bei starkem Wind unsere Flieger. Als ich neben Schorse auf die Startbahn rollte und Gas gab, meldet der Tower einen Wind von über 50 Knoten auf der Nase – der Rekord meiner Militärfliegerei. Wir gingen mit einigem Abstand in die Luft, denn die Schaukelei in Formation wäre viel zu gefährlich gewesen.

Oben wurde es sofort ruhiger, und wir flogen in komfortablem Abstand nach Lossiemouth.

Bei der Landung löste sich die „Bauchbinde" des Fanghakens. Das Ding schlug Funken sprühend auf die Landebahn; schottische Techniker bastelten den Haken wieder fest. Er hielt bis Eggebek.

Der Verfasser vor seinem defekten Starfighter auf der Keflavik Air Base, Sommer 1982.

Seit einigen Monaten hatten wir *KBOs* (Kampfbeobachter) in der Staffel, die eine Weile bei der Luftwaffe „geparkt" waren und zukünftig als *WSOs* (Waffensystemoffiziere) der Marine auf dem F-104-Nachfolger *Tornado* fliegen sollten. Nun, nach einer Grund- und Fortgeschrittenenausbildung bei der Luftwaffe, wurden die Männer auf der F-104 „marinetauglich" gemacht – oder, wie man bei uns auch sagte: *eingenordet.* Es waren nette Kameraden mit ganz verschiedenen Lebenswegen: Radartechniker, studierte Ingenieure, Seefahrer, „versuchte" Piloten und so weiter. Manche hatten als Unteroffizier zur KBO-Laufbahn gewechselt und damit einen Karrieresprung gemacht; als Crewmitglieder würden sie bald auch, ihrem Dienstgrad entsprechend, Planstellen besetzen, die sonst nur Piloten vorbehalten waren. Das Fliegen mit den Neuen machte Spaß, auch wenn es eine radikale Umstellung bedeutete. Sie gaben Kurse vor, drehten Frequenzen ein, navigierten und funkten wie vorher nur wir. Als F-104-Pilot musste man sich gehörig umstellen und die Dinge auch mit den Augen der Neuen betrachten:

224

Was machten diese Marineflieger da unten in 200 Fuß über See? Wie funktionierten die taktischen Manöver?

Meine letzten F-104-Missions waren Routineflüge. Wieder und wieder ging es bei hochsommerlichem Wetter und schönstem Sonnenschein in die *Baltic*. Ein letztes Mal flog ich einen kurzen Cross-Country nach Bordeaux, wo ein alter Freund wohnte.

Mein allerletzter Flug auf der F-104G fand am 20. August 1982 statt. Eine Stunde lang flog ich das Flugzeug mit dem Kennzeichen 26+57 so tief ich durfte über meine platte Heimat Niedersachsen. Ich umrundete Bauernhöfe, Wälder und Seen, kehrte nach Schleswig zurück und landete um 0.25 Uhr nach einem allerletzten GCA.

Die 26+57 in Formation

Neue Zeiten

Die Wende

Ich hatte meine Militärzeit im Oktober 1989 nach gut 17 Jahren vorzeitig beendet, um zur Lufthansa zu gehen. Ich war 35 Jahre alt und Familienvater, und es schien der passende Moment, das Erlernte im Zivilberuf weiter zu nutzen. Bis zuletzt war ich Tornado-Fluglehrer und Einsatzoffizier im Jagdbombergeschwader 38 „Friesland" in Jever gewesen; die Marine verfügte dort über einige Austauschposten. Am 4. Oktober wurde ich vom gut dotierten Korvettenkapitän zum unbezahlten Flugschüler.

Ich hatte gerade mein vorübergehendes Quartier bei meiner Schwester in Bremen-Vegesack bezogen, als mich mein Schwager nachts weckte: *„Die Mauer ist offen!"*

Live verfolgten wir am Bildschirm, wie Menschen im Freudentaumel die Grenze überquerten – es war, als hätte jemand die Uhr angehalten und alles, was unser Ost-West-Weltbild anging, „resettet".

Nun war es auch uns Soldaten mit der Sicherheitsstufe II vielleicht bald möglich, über den Zaun zu gucken und zu sehen, wofür wir so viele Jahre trainiert hatten. In meiner Klausur an der Hamburger Bundeswehr-Führungsakademie im Fach *Sicherheitspolitik und Streitkräfte* war ich fünf Jahre zuvor zu dem Ergebnis gekommen, die Wiedervereinigung sei unwahrscheinlich; die Arbeit war mit „gut" bewertet worden. Nun war die DDR, womöglich bald auch der ganze Warschauer Pakt mitsamt seiner Bedrohung, ein Sanierungsfall.

Auch wenn es ein wenig verfrüht schien, über unsere Rolle als Marineflieger nachzudenken: Hatten wir die „Wende" vielleicht ein kleines Stück mit angeschoben, oder waren wir nutzlose kleine Rädchen im Militärgetriebe gewesen? Wir Starfighter-Piloten waren nie in Kampfhandlungen verwickelt; Piloten kamen und gingen, ohne dass sich am Ost-West-Konflikt Wesentliches geändert hätte. Immerhin hatte das Prinzip der „Abschreckung" offensichtlich funktioniert, und all die Waffen, deren Einsatz niemand wollte, hatten ihren Zweck durch bloße Präsenz erfüllt.

Während ich als B737-Kopilot die ersten Flüge zu Plätzen der just der Bundesrepublik „beigetretenen" DDR (ein schöner Ausdruck, find ich) machte, gab es weiterhin russischen Militärluftverkehr. Um zum Beispiel den Russenkorridor zum Jägerplatz Merseburg zu überfliegen, mussten wir den Landeanflug nach Leipzig-Halle künstlich herauszögern: An einem vorgeschriebenen Wegpunkt südlich der Messestadt fuhren wir in über 10.000 Fuß das Fahrwerk und eine Stufe Landeklappen heraus; dann stürzten wir uns mit der braven Boeing im Leerlauf Richtung Flugplatz Mockau. Von da ging es in einer scharfen Linkskurve zur Landebahn Leipzig-Halle.

Der Anflug kam immer „gerade so" hin, dass man nicht durchstarten musste und in 1000 Fuß über Grund wie vorgeschrieben alle Bedingungen zur Landung erfüllt hatte.

Auch meine aktiven Marinekameraden sammelten interessante Eindrücke. Sie fuhren in Fliegerkombi über die Grenze nach „drüben", redeten mit Ostpiloten und guckten hinter die Kulissen. Hanns Krekeler besuchte im Herbst 1990 mit seiner Frau Tina das Jagdfliegergeschwader 9 *Heinrich Rau* in Peenemünde, wo gerade Tag der offenen Tür war – möglicherweise am allerletzten Einsatztag, dem 26. September:

„Wir hielten vor dem Schild ‚Achtung, Sperrgebiet! Betreten verboten!'" An der Wache fotografierte man uns durch das Fenster. ‚Fahren Sie bis zur Kohlenhalde, dann rechts, da können sie ihr Fahrzeug parken'. Wir gingen wie beschrieben zur R&S-Baracke, wo die Fallschirme und Helme lagen. Es gab Erbsensuppe. Die NVA-Offiziere standen in Dienstanzügen am Rande des Raumes, waren sehr höflich und etwas förmlich; wir hatten einen Führer dabei."

Nach und nach zeigte sich, wie beide Seiten „tickten" und was sie konnten – oder gekonnt hatten. Bevor jedoch die Angehörigen der NVA, teils als spätere Führungskräfte der Bundeswehr, wirklich einen Überblick gewinnen durften, mussten sie sich mit ihrer eigenen Existenz und der Zukunft ihrer Familien befassen. In dieser Zeit konnte der Westen einen einmaligen Blick auf seinen in Auflösung befindlichen Gegner werfen – eine Chance, die sonst nur nach blutigen Kriegen möglich war.

„Ich besichtigte die Standorte der ehemaligen Volksmarine mit dem damaligen Chef des Stabes AFNORTH[72]", erzählt Jan Wiedemann. *„Als ich die Schiffe und Boote dieser auch deutschen Marine in einem einzigen Hafen angebunden sah, wurde mir klar, wer den Kalten Krieg gewonnen hatte."*

Es war ein passender Moment, die eigene Rolle zu überdenken. Wiedemann, nach seiner aktiven Fliegerei im NATO-Stab eingesetzt, sagt:

„Ich habe mich oft gefragt, was ich mit meinem Leben getan habe, verglichen mit Ärzten, Forschern und Wissenschaftlern, und daran gezweifelt, dass ich etwas Wesentliches zum Allgemeinwohl beigetragen habe.

Heute sehe ich das anders: Mit unserem hohen Ausbildungs- und Einsatzstand haben wir letztlich zur Überwindung der Ost-West-Konfrontation beigetragen."

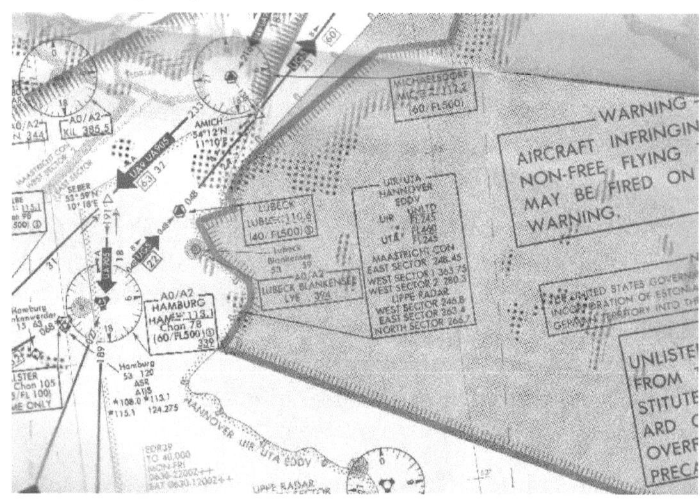

Instrumentenflugkarte, späte 1980er Jahre. Östlich von Hamburg beginnt die DDR, grau schraffiertes Niemandsland

---

[72]   AFNORTH/Allied Forces North Atlantic = Vereinte NATO-Streitkräfte Nordatlantik

Ein fliegerischer Beitrag zur deutschen Wiedervereinigung

Begeben wir uns zurück in die ersten Wochen der Wende. Axel Ostermann erlebte etwas, um das ich ihn heute noch beneide: den ersten persönlichen Kontakt mit „Ostpiloten". Hier seine Story:

„Ich saß an einem Morgen Ende Januar 1990 in meinem Büro, dessen Wände mit Bildern, Wappen und Trophäen aus der Starfighter-Zeit geschmückt waren Eigentlich unpassend, denn inzwischen waren beide Marinefliegergeschwader mit dem Tornado ausgerüstet und ich war umgeschult. Starfighter ade! Hier in Schleswig-Jagel flog man den Tornado ohnehin schon seit Anfang der 1980er-Jahre; in Eggebek, meinem alten Geschwader, seit knapp drei Jahren. Ab und zu ertappte ich mich dabei, wie ich von der guten alten Zeit träumte, als man im Cockpit noch ein Clipboard mit der Karte auf dem Knie hatte, die Flugwege handgezeichnet mit allen nötigen Angaben, um zu seinem Ziel zu gelangen. Nun, als stellvertretender Kommandeur der Fliegenden Gruppe des MFG1 und verantwortlich für die Flugplanungen des Geschwaders, musste ich dieses nostalgische Gehabe langsam ablegen. Richie, mein Boss, neuer Kommandeur und alter Freund, der schon seit langem den Starfighter nicht mehr unterm Hintern hatte und in den nächsten Tagen seine Funktion wahrnehmen sollte, würde sich da etwas leichter tun.

Ich saß also am Schreibtisch und las den Entwurf eines Gruppenbefehls durch, als das Telefon – damals noch mit Wählscheibe – klingelte. Ich hob den Hörer ab und es meldete sich eine hektische Stimme:

‚Moin Herr Kap'tän, hier ist die Hauptwache. Hier steht ein Trabbi mit vier Ossis, die Sie sprechen wollen. Ich hab' meine Waffe bei Fuß.'

‚Wieso mich?'

‚Die Herren wollen den Kommandeur sprechen, und den vertreten Sie doch gerade.'

Nach erstem Luftholen riet ich dem Posten, nichts Unüberlegtes zu tun, und kündigte mein sofortiges Erscheinen an.

Also doch! Dieser Anruf passte zu einem Brief an den Kommandeur MFG1 (‚Werter Herr!'), den ich vor einer Woche erhalten hatte. Darin bot der Staffelkapitän der 1. Staffel des Jagdgeschwaders 9 ‚Heinrich Rau' in

Peenemünde ‚ein Aufeinanderzugehen von Flugzeugführern im Interesse der Erhöhung der Flugsicherheit und der Aufnahme von Kontakten‘ an. Auch unsere Flugbetriebsstaffel hatte einen solchen Brief erhalten. Ein ähnlicher Vorschlag vom Jagdgeschwader 2 ‚Juri Gagarin‘ aus Trollenhagen war dem Aufklärungsgeschwader 52 der Luftwaffe in Leck zugegangen.

Fünf Minuten später war ich mit dem Dienstwagen am Ort des Geschehens angekommen. Da stand wirklich ein hellblauer Trabbi mit stumpfem Lack vor der Schranke und ein zu Allem entschlossener Wachposten in angemessener Entfernung daneben. Da ich meine ‚Kombi‘ anhatte – ich sollte am Nachmittag noch fliegen – war ich als Pilot leicht zu identifizieren. Die Streifen auf der Schulter taten ihr Übriges.

Der Fahrer des Trabbis stieg etwas überhastet aus, als er mich kommen sah. ‚Guten Tag!‘ Nur diese beiden Worte ließen aufgrund des Dialekts keinen Zweifel an der ostdeutschen Herkunft dieses Mannes. Ich gab ihm die Hand und fragte, was ich für ihn und seine Begleiter tun könne.

‚Wir kommen aus Peenemünde und sind Piloten des Jagdgeschwaders 9. Wir suchen Kontakt zu Piloten der Bundeswehr, jetzt da die Mauer gefallen ist. Wir dachten, dass die Marineflieger geeignet sind, da wir uns doch so oft über der Ostsee begegnet sind. Außerdem gab es schon Überlegungen, aus dem JG 9 ein Marinefliegergeschwader zu machen.‘

Ich erklärte ihm, dass dieser unangekündigte Besuch etwas überraschend und ein kurzfristiger Einlass auf das Flugplatzgelände nicht möglich sei. Ich versicherte ihm aber, mich der Sache anzunehmen und bat ihn um ein offizielles Schreiben seines Geschwaderkommandeurs.

‚Ich werde mich darum kümmern‘, sprach er fast schon feierlich.

Offensichtlich froh, sein Anliegen losgeworden zu sein, kehrte er zu seinen Begleitern, die sich nicht gerührt hatten, zurück und zusammen tuckerten sie, eine blaue Abgaswolke hinterlassend, davon.

‚Das ist jetzt nicht Dein Ernst‘, meinte Richie einige Tage später als frischgebackener Kommandeur und versuchte die Situation und ihre Tragweite zu erfassen.

‚Das waren bis vor kurzem noch unsere Todfeinde, wir hätten uns im Ernstfalle gegeneinander abgemurkst.‘

‚Die Zeiten sind dabei, sich zu ändern und es wäre bestimmt interessant, mal deren Sichtweise zu hören und vor allem ein DDR-Geschwader und ein paar MiGs zu sehen‘, erwiderte ich. ‚Lass uns doch einfach mal die Division fragen.‘

Die Marinefliegerdivision in Kiel war unsere vorgesetzte Dienststelle und wurde mit der Abgabe des MFG1 an die Luftwaffe 1994 zur Flottille der Marinefliegerkräfte herabgestuft. Dort machte man uns schnell klar, dass ein solcher Besuch nur vom Führungsstab der Marine in Bonn befürwortet werden konnte. Dies geschah im Februar, und Anfang März hatten Richie und ich die Genehmigung zu einem ‚Wochenendausflug‘ in Zivil nach Usedom.

Ich sollte zuvor brieflichen Kontakt mit dem Kommandeur des JG 9 aufnehmen. Der Briefwechsel im März 1990 war geprägt von einer gewissen Zurückhaltung. Ich hatte das Mandat, die Kontaktaufnahme zwischen Peenemünde und unserer 1. Staffel sowie ein Treffen auf Kommandeursebene anzubieten.

Der Kommandeur des JG 9, der die Angelegenheit zur Chefsache gemacht hatte, schlug als Termin den bald anstehenden Tag der offenen Tür am 6. April in Peenemünde vor – um uns die Möglichkeit zu geben, das ‚am Boden zu sehen, was Sie ab und zu in der Luft begleitete‘. Für Unterkunft werde privat gesorgt und man könne auch die Veranstaltung ‚Die Zukunft militärischer Besuche im deutschen Einigungsprozess‘ in der Greifswalder Kirche besuchen.

Klar wurde in dieser Korrespondenz, dass die Piloten dieses Geschwaders Angst um ihre Zukunft zu haben schienen. Wir ahnten schon, worauf all dies hinauslaufen würde.

Zwei Wochen später fuhren Richie und ich entlang der Küste Mecklenburg-Vorpommerns auf zum Teil extrem schlechten Straßen Richtung Peenemünde. Eine Delegation unserer 1. Staffel führte ihren Besuch unabhängig von uns durch. Wir durchfuhren graue, farblose Städte, deren Häuserfassaden bröckelten und teilweise nicht mehr zu retten waren. Jeder Bahnübergang war eine Zerreißprobe für das Fahrgestell unseres Wagens.

Nach schier endloser Fahrt kamen wir am Ziel an und hielten wie brieflich vereinbart vor einem kleinen, graubraunen Häuslein mit der Adresse Waldstraße 1, inmitten einer Waldsiedlung in Karlshagen. Der Kommandeur des JG 9 und seine Familie begrüßten uns freundlich und luden uns sofort zum Abendessen am heimischen Herd ein. Der Abend wurde gemütlich und man näherte sich einander an.

Am nächsten Morgen fanden wir uns im Gefechtsstand des JG 9 wieder. Unsere Gastgeber waren neben dem Kommandeur die meisten seiner Stabsoffiziere. Ich erkannte einige der Männer aus dem hellblauen Trabbi wieder. Bereitwillig erklärte man uns Einsatzverfahren der MiG-23 Flogger, auf die man hier offensichtlich stolz war. Die Reichweite sei ‚nicht so dolle‘, aber mit den Schwenkflügeln könne man eine Menge machen; wie beim Tornado, nur sei die MiG-23 eher dagewesen, also ihrer Zeit weit voraus. Auch sei das Triebwerk sehr zuverlässig, wie beim Starfighter, nur

nicht ganz so kraftvoll. Überhaupt seien die Versuche, Starfighter abzufangen, immer ein Erlebnis gewesen. ‚Die haben wir meistens nur von hinten gesehen‘, meinte der Flugsicherheitsoffizier im astreinen Sächsisch.

Richie und ich bekamen viel zu sehen: den Bunker, deutlich unterirdisch und atombombensicher, die Flugzeugschutzbauten, interessanterweise überwiegend leer, die Technische Abteilung, in der einige Flugzeuge zur Ersatzteilgewinnung ‚ausgeschlachtet‘ wurden, und eben vieles, das bisher nur in unserer Fantasie existiert hatte. Alles in allem wurde klar, dass in der Volksarmee der DDR des Warschauer Pakts, der sich auch gerade aufzulösen begann, auch nur mit Wasser gekocht worden war.

Höhepunkt des Besuchs war ein simulierter Start der Alarmrotte. Aus der erhöhten Position eines Beobachtungsturms sahen wir mit Erstaunen, wie die Piloten zu ihren Flugzeugen robbten, am Boden, im Dreck, mit Schutzmaske, Pistole und allem Drum und Dran. Richie und ich sahen uns sprachlos an und zweifelten beide daran, dass die Alarmrotte ihren Start vor den ersten Einschlägen feindlicher Bomben geschafft hätte. Immerhin war diese Vorführung durchaus beeindruckend.

Nach dem offiziellen Teil des Besuchs kam man abends zu einer gemütlichen Runde zusammen, in einer Art Schrebergartensiedlung, in der sich ein Freizeitheim befand. Dort stießen wir wieder auf die Jungs unserer 1. Staffel, die offensichtlich gut wahrgenommen worden waren. Natürlich gab es Wodka, und langsam kamen unsere Gastgeber mit ihrem eigentlichen Anliegen heraus.

‚Wir glauben nicht, dass die Volksarmee noch eine Zukunft hat. Wir suchen einen Job, wir sind gute Piloten und wollen bei der Bundeswehr weitermachen.‘

Wie sich nach ein paar weiteren Wodkas herausstellte, waren nicht alle dieser Meinung. Einige dieser Offiziere konnten sich eine Zusammenarbeit mit dem ehemaligen Feind einfach nicht vorstellen. Insbesondere die älteren Offiziere, durch und durch NVA-geprägt, konnten offensichtlich ihre Zurückhaltung, die an Abneigung grenzte, nicht ablegen.

‚Ich kann meine Erziehung nicht so einfach vergessen‘, sagte der Einsatzoffizier des Geschwaders, ‚es geht einfach nicht.‘

An diesem Abend wurde schließlich die Idee geboren, die letztlich Anlass zu dieser Geschichte ist: eine Art Wiedervereinigung in der Luft, ausgedrückt durch ein Rendezvous eines westdeutschen Schwarms Tornado mit einem ostdeutschen Schwarm MiG-29, jeweils vier Flugzeuge, irgendwo bei Rügen, aber in internationalen Gewässern. Das Ganze sollte im Bild festgehalten werden. Soweit in Kurzform das Vorhaben, aus einer wodkaseligen Laune heraus.

Also folgten weitere Absprachen in Brieff orm, verbunden mit einer herzlicher werdenden Kommunikation, sowie die notwendige Abstimmung mit der Division und Bonn. Dabei musste ich mich immer wieder kneifen, um nicht zu vergessen, warum ich Kampfpilot geworden war, welchen Sinn all die Einsätze gehabt hatten, die ich vor allem im Starfighter und seit drei Jahren im Tornado durchgeführt hatte. Der Warschauer Pakt zerfiel ebenso wie die Sowjetunion, Deutschland sah seiner Wiedervereinigung entgegen, die Feinde des Kalten Krieges waren von der politischen Bühne weggefegt, auch wenn die Menschen noch da waren und man nicht in die Köpfe hineinschauen konnte.

Nun wollten wir also einen gesamtdeutschen Schwarm mit acht Flugzeugen bilden, mit denjenigen Piloten der bald als ehemalig zu bezeichnenden DDR, die nachweislich noch vor einigen Jahren Schießbefehl bekommen hatten für den Fall, dass wir mit unseren Starfightern in ihre Hoheitsgewässer eindrängen, egal ob versehentlich oder nicht. Wieder musste ich an meine Navigationskarte auf dem Knie denken und an die davon abhängige Flugroute, sichtbar durch einen dicken Strich mit Minuten- oder Sekunden-‚Tickmarks‘.

Wie dem auch sei, die Zeiten waren dabei, sich zu ändern und ein Foto mit vier Tornados und vier MiG-29 in Formation vor Rügen würde ein unvergessliches Bild abgeben. Nach einigem Hin und Her, weiteren Besuchen, einigen Telefonaten und viel Enthusiasmus auf beiden Seiten –

fast wie parallel auf politischer Ebene – einigte man sich auf den 31. August 1990 um 10:30 Uhr. All dies stand auf einem handschriftlichen Blatt Papier, das mir privat zugeflogen war. Da stand auch folgendes:

,Ihr müsst extrem tief sein, sonst haben wir Besuch aus Ribnitz.'

Damit waren die sowjetischen Abfangjäger aus Ribnitz-Damgarten gemeint; die gab es ja auch noch.

Da waren wir Marineflieger nun jahrzehntelang mit dem Starfighter über die Ostsee geflogen, um abzuschrecken, um zu zeigen, dass wir da sind, auch vor den Küsten des Warschauer Pakts. Mit einem Flugzeug, dem jeder Pilot auf der Welt Respekt zollte; sogar die Gegner, die uns waffenstrotzend im Kalten Krieg gegenüberstanden. Dazu gehörten auch die Kampfflieger der DDR, die noch existierte, auch wenn die Mauer endlich gefallen war.

Nun kam es zu Verbrüderungen und Annäherungen wie eigentlich nach jedem Krieg. Die Piloten der DDR hatten die Hoffnung, in der Bundeswehr weitermachen zu können, aber – und das zeichnete sich inzwischen auf militärpolitischer Ebene ab – es gab für sie kaum eine Chance, schon gar nicht für die systemverbundenen älteren Offiziere, wie einige derjenigen, die ihre MiG-23 zum vereinbarten Treffpunkt steuerten.

Die Koordinaten waren im Display zu sehen, die Karte auf dem Knie brauchte man im Tornado nicht mehr. Hinten saß jemand, der einem die Navigation zusätzlich verbal vermittelte, ob man wollte oder nicht. Generell wandten sich die in der Militärfliegerei führenden Nationen wieder ab vom Zweisitzer und kehrten zum ,Single Seat Concept' zurück; wie damals im Starfighter, wie in der MiG-23.

,Da sind sie', unterbrach mein Waffensystemoffizier von hinten unwirsch meine Gedanken. Tatsächlich konnte ich vier Punkte ausmachen, die in Sekundenschnelle größer wurden. Wir hatten vereinbart, alles ,silent' durchzuführen, um keine schlafenden Hunde zu wecken, also unsere sowjetischen Freunde.

Tatsächlich waren nun vier MiG-23 zu sehen, die sich langsam annäherten. In Damgarten flog man auch MiG-23, aber die Hoheitszeichen der DDR beruhigten uns bald. Das Wetter war gut, ideal zum Fotografieren; einige weiße Wölkchen schwebten über der dunkelblauen Ostsee. Ich hatte meine Kamera bereit, damals mit echtem Film, das Wort digital kannte noch keiner. Es war abgesprochen, dass drei Tornados die Spitze der Formation bilden sollten, zwei MiGs jeweils links und rechts daneben und zwei MiGs in den ‚Slot', also hinter dem formationsführenden Tornado, in dem Richie vorne steuerte.

Die Formation wurde wortlos eingenommen, es war in der Tat ein gigantischer Anblick. Diesen Augenblick, der symbolische Triumph über alle Gegner der Wiedervereinigung, konnte uns keiner nehmen. Wie schon zu Starfighter-Zeiten klickte meine Kamera – ich hatte damals unzählige Luftaufnahmen mit ihr für Geschwaderkalender und mein Buch Vikings for Take-Off gemacht – bis der Film voll war. Durch die Wolkenbildung sah die Formation dramatisch gut aus, ab und zu bildeten sich kleine Regenbögen, es war ein optischer Genuss.

Nach fünf Minuten bedeutete uns der Formationsführer unseres ostdeutschen Schwarms nun doch über Funk, dass man aufgrund von Treibstoffknappheit zurück müsse. Es war der Kommandeur selbst, ich erkannte ihn an seiner Stimme.

Kurz darauf entschwanden sie, für immer. Es war das letzte Mal, dass jemand DDR-Kampfflugzeuge über der Ostsee sah. Ein Vierteljahr später wurde die Nationale Volksarmee aufgelöst und damit auch alle Verbände, einschließlich des JG 9.

Im März 1991 erhielt ich eine letzte Nachricht aus Karlshagen. Sie enthielt auch eine VHS-Kassette von der Auflösungszeremonie des Geschwaders aus Peenemünde. Im beiliegenden Schreiben stand:

‚Die Beendigung des Dienstes erfolgte ohne Emotionen und formlos.'

Auch sonst war das Schreiben gefüllt mit Anmerkungen wie ‚spielt auch keine Rolle mehr', ‚bar jeden Selbstmitleids', ‚von den Lizenzen etwas zu retten', ‚muss ich mir doch langsam etwas Anderes suchen', ‚keinerlei Perspektive', aber auch ‚Schluss mit dem Gejammer'.

Ich selbst hatte ein Jahr später meinen letzten Flug und wandte mich neuen mir zugewiesenen Aufgaben als Militärattaché zu, übrigens ausgerechnet in Moskau, wo eine starke Gemeinde der nunmehr ehemaligen DDR unser unmittelbarer Nachbar wurde.

Als ich erwartungsvoll den belichteten Film abholte, konnte ich es kaum erwarten, die Bilder zu sehen. Allerdings irritierte mich das sorgenvolle Gesicht meines Händlers. Ich wunderte mich schon, warum die Hülle so leicht war.

Dieser eindrucksvolle Bericht Axel Ostermanns füllt eine Lücke in meiner eigenen Biografie – ich hätte genau diesen Moment (natürlich mit viel Film in der Kamera) sehr, sehr gern miterlebt.

Ich freute mich über die Überwindung der Teilung, denn ich hatte den Mauerbau als Grundschüler miterlebt und durfte dabei sein, als der Spuk nach „nur" 29 Jahren unblutig zu Ende ging. Das unerträgliche Gerede von angeblich zwei schon seit dem Mittelalter „völlig gegensätzlichen" deutschen Staaten war für mich immer pure Ideologie gewesen.

Nun blickte ich zufrieden auf meine gut siebzehn Dienstjahre zurück. Die Bundeswehr hatte mich gut ausgebildet, ich hatte spannende Zeiten erlebt und durfte das Erlernte auch noch im Zivilleben anwenden. Der Starfighter hatte mir in jeder Hinsicht Glück gebracht.

Bald nach dem Fall der Mauer begann die Bundeswehr mit dem Abbau zahlreicher Kräfte. 1993 musste sich die Marine vom MFG 1 verabschieden, dessen Tornado-Jets samt Fliegerhorst an das Aufklärungsgeschwader AG 51 der Luftwaffe übergeben wurden. Im Jahre 2005 folgte das MFG 2; der Flugplatz wurde geschlossen. Zuletzt wurde 2012 das traditionsreiche MFG 5 von Kiel nach Nordholz verlegt und der Fliegerhorst Kiel-Holtenau aufgegeben. Den Marinefliegern verblieb Nordholz mit seinen beiden Geschwadern MFG 3 „Graf Zeppelin" und MFG 5 und den dort stationierten P-3C *Orion*-Seefernaufklärern sowie *Sea King*- und *Lynx*-Hubschraubern. Am gleichen Ort befindet sich heute auch die neue vorgesetzte Dienststelle aller Marineflieger, das Marinefliegerkommando; es arbeitet gleichrangig mit den anderen kämpfenden Teilen der Marine unter dem Dach der Flotte.

Lockheed P-3 Orion auf dem Fliegerhorst Nordholz, 2015.

Wiedersehen

Zurück in Texas

25 Jahre nach unserer feierlichen Graduation in Texas kehrte ich als Urlauber nach Sheppard zurück. Unsere Basis sah noch aus wie 1977. Die T-37 und T-38 standen sauber aufgereiht auf der Platte, und auch im Linktrainer schien die Zeit stehen geblieben zu sein. In den Germantown-Bungalows hausten jetzt auch Nachwuchspiloten aus anderen europäischen Ländern.

Ich fuhr am Officers Club vorbei, wo wir so oft mit den Krankenschwestern in Duffy's Bar gesessen hatten. Dann betrat ich das Schulgebäude und lief den Korridor entlang. Ein älterer Mann, noch immer zuständig für Sauerstoffmasken und Fallschirme, konnte sich an mich erinnern. Er wusste auch, welcher meiner US-Lehrer noch in der Umgebung wohnte.

In der *C-Flight*, viele Monate Heimat meiner T-37-Klasse, standen noch die gleichen Blechspinde, die Tische mit der Plexiglasauflage, darunter die Checklisten. Ein ergrauter amerikanischer Fluglehrer mit dickem Schnurrbart begrüßte mich wie ein alter Kumpel und erzählte, auch er habe 1977 zu fliegen begonnen, nur auf einer anderen Basis. Ich zeigte ihm, wo ich gesessen hatte. Er grinste und meinte: *„Diese Blechmöbel sind noch in hundert Jahren da."*

Ich musste an die frische Luft, bevor es sentimental wurde. Zum Glück riss mich etwas in die Gegenwart zurück: ein Plakat, das an einer Tür klebte.

Militärflieger klopfen gern lockere Sprüche, ziehen Hinz und Kunz durch den Kakao; ganze Staffeln brüsten sich auf Wappen und Bierkrügen mit ihren angeblich märchenhaften Fähigkeiten. Das Plakat zeigte die Hand des Mafia-Paten aus dem Kinofilm mit Marlon Brando; sie bewegte kleine Flugzeuge wie Marionetten. Man verstand sofort: Die Staffel war der Pate, und die anderen mussten reagieren. Unten auf dem Plakat war zu lesen:

We can make it look like an accident.

Was für ein schöner schwarzer Humor - bei uns sieht es hinterher wie ein Unfall aus, wir beseitigen unsere Gegner stets diskret!

Seit meinem Besuch in Texas war viel passiert. Die Marine hatte auch ihre letzten Jets abgeben müssen; einige der Piloten konnten zur Luftwaffe wechseln. Meine Fliegerkumpels waren in alle Winde verstreut worden. Mancher flog wie ich bei der Airline, einige dienten noch bei der Bundeswehr. Der Rest arbeitete in den verschiedensten Berufen: als Apotheker, Heizungsbauer oder Detektiv. Heute sind etliche in Rente, und einige haben sich für immer verabschiedet.

T-38 auf dem Vorfeld von Sheppard Air Force Base, Frühjahr 2003. Die Flugzeuge sind modernisiert und umlackiert worden. Am Seitenleitwerk wurde „EN" (Euro Nato") als neues Logo angebracht.

In Arizona

Im Frühsommer 2012 war ich nach Jahrzehnten wieder einmal auf der Luke Air Force Base; der Chef der benachbarten Lufthansa-Fliegerschule hatte Freunden und mir den Besuch der dort beheimateten F-16-Staffel ermöglicht. Es war ein besonderer Tag. Zwei F-16-Piloten mit den wunderbaren Spitznamen *Smash* und *Slingblade* holten uns am Eingang ab.

Wir liefen bei sengender Hitze über die Ramp, wo einst unsere Starfighter standen und nun F-16 auf ihre Einsätze warteten. Für einen Moment genoss ich schweigend den Anblick und gab mich ganz der Illusion hin, noch einmal 25 Jahre jung und Flugschüler zu sein. Ich atmete die heiße Wüstenluft und dachte an das aufregende Leben in der Fliegerkombi, den Schweiß und die Anspannung – ein Gefühl, das mich fast übermannte.

1983 waren die Deutschen mit ihren Starfightern aus Luke abgezogen; jetzt flogen hier junge Leute, deren Tatendrang mindestens ebenso groß war wie damals unserer. Was für coole Typen! Diese Falcon-Piloten zogen im Luftkampf locker 9 g, trugen nachts Infrarotsichtgeräte und gaben alles für ihren Job. Die gute alte F-104, das wurde mir bewusst, war ein Flugzeug aus dem vergangenen Jahrtausend.

Die US-Jungs ließen mich das nicht spüren und amüsierten sich über das breite Grinsen des grauhaarigen deutschen Oldies, der so viel von früher erzählte. In der Staffel besuchten wir den Starfighter-Traditionsraum, in dem allerhand Dokumente und Flugzeugteile an das glorreiche F-104-Ausbildungsprogramm erinnerten. Ich durfte mich – Gipfel der Ehre – neben prominenten Namen auf einem F-104-Höhenleitwerk verewigen. Dann fuhren wir alle mit Freunden und Familien ins Steakhouse. Die Zeitreise war beendet.

Was aus den Flugzeugen wurde...

Kürzlich fand ich im Internet „meinen" ersten Starfighter wieder: die TF-104G, mit der „Fireball" Shannon und ich im Frühjahr 1978 das erste Mal gemeinsam über Arizona hinweggefegt waren. Das Flugzeug war nach seiner US-Karriere für die *Republic of China Air Force (ROC)* geflogen, nun stand es als Torwächter an einem Militärfriedhof auf Taiwan.

Auf einem Sockel am Militärfriedhof von Sulin, Taiwan: der Erstflug-Starfighter des Verfassers von 1978.

Mein letzter Starfighter hatte es nicht so gut getroffen. Man hatte ihn nach seiner Aussonderung in flugfähigem Zustand zur *Battle Damage Repair* bei einer Lehrlingswerkstatt der Luftwaffe geschafft. Dort werden den Flugzeugen mit grobem Werkzeug „Kampfschäden" zugefügt, riesige Löcher von „Einschüssen"; anschließend wird alles mit dicken Platten genietet und wieder zusammengeflickt. Man kann sich vorstellen, wie mein armer, eleganter Starfighter nach solchen Aktionen ausgesehen haben muss. Der letzte Eintrag stammt von 2004 – *scrapped* (verschrottet). Friede seinem Blech! Seine Spur hat sich verloren. Sicher steht er jetzt, feingewalzt in viele, viele Bierdosen, irgendwo im Supermarkt.

Farewell

Fliegerkarrieren werden von Zufällen, manchmal auch tiefen Zäsuren begleitet – wer weiß schon als Neuling, welches Muster er einst fliegen wird, welche Position er erlangt und ob er gesund bleibt. Eine Fliegerlaufbahn ist weniger planbar als eine Schreibtischkarriere, und ohne Glück geht auch hier nichts. Mancher Jetpilot geht nach seiner Dienstzeit zur Airline. Spätestens dort muss er einsehen: Ob ein Mensch nun mit Schleudersitz, Passagieren und Fracht, Propeller, Nachbrenner oder Heckrotor unterwegs ist, tut wenig zur Sache. Hauptsache, man fliegt, und zwar möglichst lange. Piloten lieben ihr Metier und halten zusammen; nicht viele Branchen können das bieten.

Ich erinnere mich an zahllose Gesichter gut gelaunter Piloten. Was für eine Bande unverwüstlicher Optimisten! Kaum einer, der nicht seine Kameraden mit einem dummen Spruch begrüßte und das Leben von der heiteren Seite nahm.

Ich denke aber auch an diejenigen, die nicht heil nach Hause kamen und hoffe, sie haben Frieden gefunden. Es war eine Ehre, mit ihnen allen den Luftraum zu teilen. An der Ego-Wand meines Arbeitszimmers hängen alte Stoffabzeichen; in einem Glasschrank liegen Helm, Maske und Steuerknüppel; dann sind da noch die Fotoalben. *„Der Typ auf dem Bild, bist du das?"*, fragen die Kinder. *„Ja"*, sage ich dann und denke: Verdammt, ich bin dieses tolle Flugzeug geflogen! Ein schnelles Auto brauche ich nicht mehr.

Der Autor

Rolf Stünkel, Jahrgang 1954, ging nach dem Abitur zur Marine. Nach Seefahrt und Einsätzen auf Starfighter- und Tornadojets wechselte er 1989 zur Airline. Der siebenfache Vater betreut Seminare für Entspanntes Fliegen und arbeitet nebenberuflich als Luftfahrtautor, Lektor und Übersetzer. Seine Bücher *Inside Airport*, *Inside Cockpit* und *Inside Tower* sowie die erste Ausgabe von „Mach 2" erschienen im GeraMond Verlag, München.

Dank

Last but not least - mein besonderer Dank geht an die Herren Wolfgang Engelmann, Dieter Rode und Ringo Suhr für das umfangreiche Hintergrundmaterial; Axel Ostermann für den Experten-Beitrag zur Aufklärung (jetzt weiß ich endlich mehr); Peter Most und das Luftfahrtmuseum in Hannover-Laatzen; Harald Böhnke, Walter Dodel, Norbert Gunkel, Arnulf Hartl, Gerd Kiehnle, Hanns Krekeler, Peter Kretschmann, Peter Krusemeyer, Wolfgang Oelsner, Jo Rammer, Gunter Schneider, Mike Vivian, Jan Wiedemann und alle anderen, die mich so toll mit Fotos und Texten unterstützten.

Anhang

Starfighter-Versionen[73]

YF-104A Prototypen und Vorserie

F-104A Erste Produktionsversion

NF-104A Raketengetriebene NASA-Version

QF-104A Ferngesteuertes Testflugzeug

F-104B Trainer

F-104C Version für taktische Luftschläge

F-104D Trainer

F-104DJ Japanische Version

F-104F Prototyp deutscher Starfighter

F-104G Version für Deutschland

RF-104G Aufklärerversion

TF-104G Trainer

F-104J Lizenzbau für Japan

F-104N NASA-Version

F-104S Italienische Version

CF-104 Kanadische Version

CF-104D Trainer

---

[73] Alle Daten sind sorgfältig recherchiert und mit dem Flughandbuch der F-104G abgeglichen. Geringfügige Abweichungen zu anderen historischen Quellen sind möglich.

Technische Daten F-104G

Spannweite............................ 6,68 m, mit Tiptanks 7,62 m

Länge............................16,69 m

Höhe............................ 4,11 m

Tragflügelfläche.................. 18,22 m2

Triebwerk............................General-Electric J79-GE-11A (ab 1970 auch MTU J79-J1K)

Leistung...............................7150 kp / 70118 N Schub mit Nachbrenner, 1450 kp / 44522 N ohne Nachbrenner

Verbrauch............................4700 l/h ohne Nachbrenner, 17.500 l/h mit Nachbrenner

Leergewicht............................6695 kg

Startgewicht F-104G clean...9435 kg

Startgewicht F-104G.............mit Tiptanks 10.637 kg, mit vier Tip- und Pylontanks 11.598 kg, mit Pylontanks und AIM-9B Sidewinder-Raketen 11.045 kg

Startgeschwindigkeit............. 190 kn, mit Tiptanks 200 kn

Reisegeschwindigkeit.............Tiefflug: 450 kn, High Level: Mach 0,92

Angriffsgeschwindigkeit...... 540–600 kn

Höchstgeschwindigkeit.........ohne Außenlasten: 750 KCAS, Mach 2,0 in 36.000 ft

Dienstgipfelhöhe.................. 16.750 m/55.000 ft

Landegeschwindigkeit..........mit voll ausgefahrenen Landeklappen: 175 kn plus Gewichtszuschlag

mit Landeklappen in „Takeoff"-Stellung:

195   kn plus Gewichtszuschlag

Lastvielfaches.........................+7,33 g und -3 g

Steigleistung........................ Beispiel: Startgewicht mit Tiptanks:

2 Minuten auf 36.000 ft, Distanz 17,5 NM

Bildnachweis

Alle Angaben dieses Werkes wurden vom Autor sorgfältig recherchiert und auf
den neuesten Stand gebracht sowie vom Verlag geprüft. Für die Richtigkeit der
Angaben kann jedoch keine Haftung übernommen werden.

Sofern nicht anders angegeben, stammen alle Abbildungen vom Verfasser bzw.
aus dessen Archiv, außer: S. 13 Presse- und Informationszentrum der Marine,
Kiel; S. 52 US Air Force; S. 71 Arnulf Hartl; S. 78 Michael A. Vivian; S. 81, 209
Peter Krusemeyer; S. 88 Jerry Bullet; S. 90 Indian Air Force; S. 97 Norbert
Gunkel; S. 101 unten, S. 168 Peter Kretschmann; S. 103-104, 225 Willy Metze; S.
110 Walter Dodel; S. 112, 114, 174 Axel Ostermann; S. 100, 108, 118, 124, 127, 137,
139, 142, 163, 169 Bundesmarine; S. 126 Hanns Krekeler; S. 134 Gerd Kiehnle. S.
135 Gunter Schneider; S. 136 Wolfgang Oelsner; S. 145 Marnick Raecke; S. 156
Ingomar Suhr; S. 161 Marinefliegergeschwader 2, Bildstaffel; S. 166 Jo Rammer;
S. 179 Vladimir Menkov; S. 187 Karl-Heinz Maxwitat; S. 200 Jan Wiedemann; S.
204, 207 Peter Doll; S. 206 Wolfgang Engelmann; S. 218 Harald Böhnke; S. 241 S.
L.Tsai; S. 243 Jean A. Stünkel